Mulheres na Tecnologia®
cases na prática

Edição Poder de uma Mentoria

Mulheres na Tecnologia®
cases na prática

Edição Poder de uma Mentoria

Copyright© 2024 by Editora Leader
Todos os direitos da primeira edição são reservados à Editora Leader.

CEO e Editora-chefe:	Andréia Roma
Revisão:	Editora Leader
Capa:	Editora Leader
Projeto gráfico e editoração:	Editora Leader
Suporte editorial:	Lais Assis
Livrarias e distribuidores:	Liliana Araújo
Artes e mídias:	Equipe Leader
Diretor financeiro:	Alessandro Roma

Dados Internacionais de Catalogação na Publicação (CIP)

M922 Mulheres na tecnologia: cases na prática: edição poder de uma mentoria/
5. ed. idealizado do livro Andréia Roma. – 1.ed. – São Paulo: Editora Leader, 2024. –
(Série mulheres/coordenadoras Andréia Roma, Tânia Moura)

256 p.; 15,5 x 23 cm. – (Série mulheres/coordenadora Andréia Roma)

Várias autoras
ISBN: 978-85-5474-244-7

1. Carreira profissional – Desenvolvimento. 2. Mulheres na tecnologia. 3. Mulheres – Biografia. 4. Mulheres – Histórias de vidas. 5. Relatos pessoais. I. Roma, Andréia. II. Moura, Tânia.

10-2024/227   CDD 920.72

Índices para catálogo sistemático:
1. Mulheres: Carreira profissional: Histórias de :Biografia   920.72

Bibliotecária responsável: Aline Graziele Benitez CRB-1/3129

2024
Editora Leader Ltda.
Rua João Aires, 149
Jardim Bandeirantes – São Paulo – SP
Contatos:
Tel.: (11) 95967-9456
contato@editoraleader.com.br | www.editoraleader.com.br

A Editora Leader, pioneira na busca pela igualdade de gênero, vem traçando suas diretrizes em atendimento à Agenda 2030 – plano de Ação Global proposto pela ONU (Organização das Nações Unidas) –, que é composta por 17 Objetivos de Desenvolvimento Sustentável (ODS) e 169 metas que incentivam a adoção de ações para erradicação da pobreza, proteção ambiental e promoção da vida digna no planeta, garantindo que as pessoas, em todos os lugares, possam desfrutar de paz e prosperidade.

A Série Mulheres, dirigida pela CEO da Editora Leader, Andréia Roma, tem como objetivo transformar histórias reais – de mulheres reais – em autobiografias inspiracionais, cases e aulas práticas. Os relatos das autoras, além de inspiradores, demonstram a possibilidade da participação plena e efetiva das mulheres no mercado. A ação está alinhada com o ODS 5, que trata da igualdade de gênero e empoderamento de todas as mulheres e meninas e sua comunicação fortalece a abertura de oportunidades para a liderança em todos os níveis de tomada de decisão na vida política, econômica e pública.

CONHEÇA O SELO EDITORIAL SÉRIE MULHERES®

Somos referência no Brasil em iniciativas Femininas no Mundo Editorial

A Série Mulheres é um projeto registrado em mais de 170 países!
A Série Mulheres apresenta mulheres inspiradoras, que assumiram seu protagonismo para o mundo e reconheceram o poder das suas histórias, cases e metodologias criados ao longo de suas trajetórias. Toda mulher tem uma história!
Toda mulher um dia já foi uma menina. Toda menina já se inspirou em uma mulher. Mãe, professora, babá, dançarina, médica, jornalista, cantora, astronauta, aeromoça, atleta, engenheira. E de sonho em sonho sua trajetória foi sendo construída. Acertos e erros, desafios, dilemas, receios, estratégias, conquistas e celebrações.

O que é o Selo Editorial Série Mulheres®?
A Série Mulheres é um Selo criado pela Editora Leader e está registrada em mais de 170 países, com a missão de destacar publicações de mulheres de várias áreas, tanto em livros autorais como coletivos. O projeto nasceu dez anos atrás, no coração da editora Andréia Roma, e já se destaca com vários lançamentos. Em 2015 lançamos o livro "Mulheres Inspiradoras", e a seguir vieram outros, por exemplo: "Mulheres do Marketing", "Mulheres Antes e Depois dos 50",

seguidos por "Mulheres do RH", "Mulheres no Seguro", "Mulheres no Varejo", "Mulheres no Direito", "Mulheres nas Finanças", obras que têm como foco transformar histórias reais em autobiografias inspiracionais, cases e metodologias de mulheres que se diferenciam em sua área de atuação. Além de ter abrangência nacional e internacional, trata-se de um trabalho pioneiro e exclusivo no Brasil e no mundo. Todos os títulos lançados através desta Série são de propriedade intelectual da Editora Leader, ou seja, não há no Brasil nenhum livro com título igual aos que lançamos nesta coleção. Além dos títulos, registramos todo conceito do projeto, protegendo a ideia criada e apresentada no mercado.

A Série tem como idealizadora Andréia Roma, CEO da Editora Leader, que vem criando iniciativas importantes como esta ao longo dos anos, e como coordenadora Tania Moura. No ano de 2020 Tania aceitou o convite não só para coordenar o livro "Mulheres do RH", mas também a Série Mulheres, trazendo com ela sua expertise no mundo corporativo e seu olhar humano para as relações. Tania é especialista em Gente & Gestão, palestrante e conselheira em várias empresas. A Série Mulheres também conta com a especialista em Direito dra. Adriana Nascimento, coordenadora jurídica dos direitos autorais da Série Mulheres, além de apoiadores como Sandra Martinelli – presidente executiva da ABA e embaixadora da Série Mulheres, e também Renato Fiocchi – CEO do Grupo Gestão RH. Contamos ainda com o apoio de Claudia Cohn, Geovana Donella, Dani Verdugo, Cristina Reis, Isabel Azevedo, Elaine Póvoas, Jandaraci Araujo, Louise Freire, Vânia Íris, Milena Danielski, Susana Jabra.

Série Mulheres, um Selo que representará a marca mais importante, que é você, Mulher!

Você, mulher, agora tem um espaço só seu para registrar sua voz e levar isso ao mundo, inspirando e encorajando mais e mais mulheres.

Acesse o QRCode e preencha a Ficha da Editora Leader.
Este é o momento para você nos contar um pouco de sua história e área em que gostaria de publicar.

Qual o propósito do Selo Editorial Série Mulheres®?
É apresentar autobiografias, metodologias, *cases* e outros temas, de mulheres do mundo corporativo e outros segmentos, com o objetivo de inspirar outras mulheres e homens a buscarem a buscarem o sucesso em suas carreiras ou em suas áreas de atuação, além de mostrar como é possível atingir o equilíbrio entre a vida pessoal e profissional, registrando e marcando sua geração através do seu conhecimento em forma de livro.
A ideia geral é convidar mulheres de diversas áreas a assumirem o protagonismo de suas próprias histórias e levar isso ao mundo, inspirando e encorajando cada vez mais e mais mulheres a irem em busca de seus sonhos, porque todas são capazes de alcançá-los.

Programa Série Mulheres na tv
Um programa de mulher para mulher idealizado pela CEO da Editora Leader, Andréia Roma, que aborda diversos temas com inovação e qualidade, sendo estas as palavras-chave que norteiam os projetos da Editora Leader. Seguindo esse conceito, Andréia, apresentadora do Programa Série Mulheres, entrevista mulheres de várias áreas com foco na transformação e empreendedorismo feminino em diversos segmentos.
A TV Corporativa Gestão RH abraçou a ideia de ter em seus diversos quadros o Programa Série Mulheres. O CEO da Gestão RH, Renato Fiochi, acolheu o projeto com muito carinho.
A TV, que conta atualmente com 153 mil assinantes, é um canal de *streaming* com conteúdos diversos voltados à Gestão de Pessoas, Diversidade, Inclusão, Transformação Digital, Soluções, Universo RH, entre outros temas relacionados às organizações e a todo o mercado.
Além do programa gravado Série Mulheres na TV Corporativa Gestão RH, você ainda pode contar com um programa de *lives* com transmissão ao vivo da Série Mulheres, um espaço reservado todas as quintas-feiras a partir das 17 horas no canal do YouTube da Editora Leader, no qual você pode ver entrevistas ao vivo, com executivas de diversas áreas que participam dos livros da Série Mulheres.
Somos o único Selo Editorial registrado no Brasil e em mais de 170

países que premia mulheres por suas histórias e metodologias com certificado internacional e o troféu Série Mulheres – Por mais Mulheres na Literatura.

Assista a Entrega do Troféu Série Mulheres do livro **Mulheres nas Finanças®** – volume I
Edição poder de uma mentoria.

Marque as pessoas ao seu redor com amor, seja exemplo de compaixão.

Da vida nada se leva, mas deixamos uma marca.

Que marca você quer deixar? Pense nisso!

Série Mulheres – Toda mulher tem uma história!

Assista a Entrega do Troféu Série Mulheres do livro **Mulheres no Conselho®** – volume I – Edição poder de uma história.

Próximos Títulos da Série Mulheres

Conheça alguns dos livros que estamos preparando para lançar: • Mulheres no Previdenciário • Mulheres no Direito de Família • Mulheres no Transporte • Mulheres na Aviação • Mulheres na Política • Mulheres na Comunicação e muito mais.

Se você tem um projeto com mulheres, apresente para nós.

Qualquer obra com verossimilhança, reproduzida como no Selo Editorial Série Mulheres®, pode ser considerada plágio e sua retirada do mercado. Escolha para sua ideia uma Editora séria. Evite manchar sua reputação com projetos não registrados semelhantes ao que fazemos. A seriedade e ética nos elevam ao sucesso.

Alguns dos Títulos do Selo Editorial Série Mulheres já publicados pela Editora Leader:

Lembramos que todas as capas são criadas por artistas e designers.

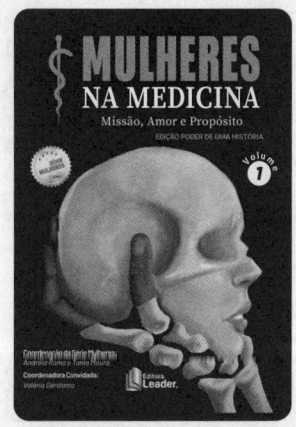

#

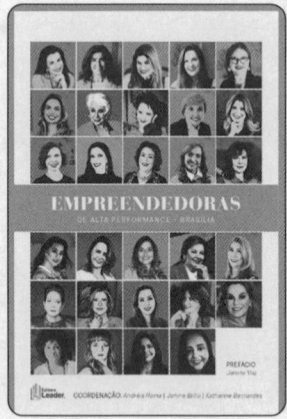

SOBRE A METODOLOGIA DA SÉRIE MULHERES®

A Série Mulheres trabalha com duas metodologias

"A primeira é a Série Mulheres – Poder de uma História: nesta metodologia orientamos mulheres a escreverem uma autobiografia inspiracional, valorizando suas histórias.

A segunda é a Série Mulheres Poder de uma Mentoria: com esta metodologia orientamos mulheres a produzirem uma aula prática sobre sua área e setor, destacando seu nicho e aprendizado.

Imagine se aos 20 anos de idade tivéssemos a oportunidade de ler livros como estes!

Como editora, meu propósito com a Série é apresentar autobiografias, metodologias, cases e outros temas, de mulheres do mundo corporativo e outros segmentos, com o objetivo de inspirar outras mulheres a buscarem ser suas melhores versões e realizarem seus sonhos, em suas áreas de atuação, além de mostrar como é possível atingir o equilíbrio entre a vida pessoal e profissional, registrando e marcando sua geração através do seu conhecimento em forma de livro. Serão imperdíveis os títulos publicados pela Série Mulheres!

Um Selo que representará a marca mais importante que é você, Mulher!"

Andréia Roma – CEO da Editora Leader

CÓDIGO DE ÉTICA DO SELO EDITORIAL
SÉRIE MULHERES®

Acesse o QRCode e confira

Nota da editora

É com imenso orgulho e alegria que apresento o livro "Mulheres na Tecnologia® – Edição Poder de uma Mentoria, Volume I", uma obra que reúne as histórias e experiências de mulheres que têm feito a diferença no universo da tecnologia. Este livro é uma verdadeira celebração das mulheres que, com talento, dedicação e paixão, estão construindo o futuro e abrindo caminhos para que outras também possam trilhar suas jornadas nesse setor tão desafiador.

Cada autora convidada trouxe seus cases e ensinamentos, oferecendo insights valiosos que refletem não apenas a prática, mas também o coração e a determinação de quem acredita no poder transformador da tecnologia. Aqui, o poder de transferir conhecimento através de ensinamentos práticos e mentorias ganha vida, mostrando que, ao compartilhar suas experiências, essas mulheres estão plantando sementes que transformarão outras mulheres, assim como homens, inspirando todos a crescer e evoluir juntos.

Quero expressar minha gratidão e reconhecimento à coordenadora convidada Elaine Póvoas para a realização deste projeto. E um agradecimento especial a cada coautora que compartilhou sua jornada, suas conquistas e os aprendizados e nos mostram que, juntas, podemos ir além e transformar a realidade ao nosso redor.

Que este livro seja uma fonte de inspiração para todas as mulheres que sonham em fazer parte do universo da tecnologia e para os homens que também desejam aprender e crescer. Que as experiências aqui compartilhadas sejam um guia, uma luz e um incentivo para que cada pessoa siga em busca dos seus sonhos, sabendo que, na tecnologia, o poder de mentoria e de transformação é infinito.

Andréia Roma
CEO da Editora Leader
Idealizadora e coordenadora do Selo Editorial Série Mulheres®

Introdução

A Edição Poder de uma Mentoria faz parte do Selo Editorial Série Mulheres® e foi desenvolvida com o objetivo de compartilhar ensinamentos práticos e inspiradores por meio da experiência e vivência de mulheres que atuam como verdadeiras mentoras em suas áreas. O foco desta edição está na transmissão de conhecimento através de casos reais de sucesso e experiências ao longo da jornada, onde as autoras não apenas compartilham seus aprendizados na carreira, mas também oferecem conselhos práticos e direcionamentos que podem ser aplicados diretamente no desenvolvimento pessoal e profissional dos leitores.

Cada capítulo é uma oportunidade de aprendizado, com exemplos claros e estratégias que demonstram como superar desafios e construir uma carreira sólida. A mentoria aqui vai além da simples troca de experiências, oferecendo uma condução cuidadosa e inspiradora para que o leitor possa aplicar os ensinamentos em sua própria trajetória.

Esta edição visa fortalecer o papel das mulheres na tecnologia, destacando como a orientação e o desenvolvimento de outras pessoas podem impactar positivamente o ambiente corporativo e o mercado de trabalho. Além de histórias de superação e crescimento, a Edição Poder de uma Mentoria é um projeto literário que reforça a importância da mentoria como uma ferramenta de transformação, tanto para quem ensina quanto para quem aprende.

Elaine Póvoas
Coordenadora convidada do livro

Andréia Roma
CEO da Editora Leader
Idealizadora e coordenadora do Selo Editorial Série Mulheres®

Sumário

O seu sucesso só depende de você 28
Aline Correia

Como posso ajudar você hoje? 42
Aline Swensson

Transformar uma TI local em uma TI de padrão global e ainda sustentar o crescimento do negócio 54
Ana Laurito

De onde venho e para onde vou (parte 2) 66
Ana Rosa Soares Marcuartú

O Labirinto: 5 refexões para ter sucesso em mudanças disruptivas 80
Anne Elize Puppi Stanislawczuk

Pensar e agir Lean: o poder da construção de um propósito 92
Cristina C. A. Pinna

A importância do autoconhecimento 104
Erica Zeidan

Inovação e eficiência: como a tecnologia revoluciona a área de compras **116**
    Jéssica Mello

Desenvolvendo líderes conectados: lições para uma gestão de pessoas mais humanizada **132**
    Kelli Azzolim

Transformação digital e as pessoas **146**
    Marcia M. Baggio

Atuação prática do encarregado pelo tratamento de dados pessoais no atendimento aos titulares de dados pessoais **158**
    Mariana Sbaite Gonçalves

Framework para gerenciamento de riscos para tomada de decisão **170**
    Mônica Mancini

Conhecer antes de escolher **184**
    Sanmya Noronha

Plano de carreira para TI! Com uma dose de amor e outra de propósito! **196**
    Tania Silva

Aliada SIM, concorrente NÃO **210**
    Tatiane Payá

Time feliz dá lucro **222**
    Viviane Ricci

O poder de uma MENTORIA **234**
    Andréia Roma

ALINE CORREIA

Sócia da inventCloud (renomada consultoria de serviços de tecnologia com foco em gestão *multicloud*), responsável por toda a estratégia de vendas e crescimento global através de novas unidades que serão inauguradas. A carreira é consolidada majoritariamente em vendas, atuando como executiva de relacionamento para grandes contas em consultorias brasileiras especializadas em serviços, *cloud* e licenciamento de *softwares*. Nos últimos anos atuou como executiva de vendas com foco em soluções de *cloud* na Big Tech: Oracle. Formada em Administração de Empresas pela Universidade São Judas Tadeu e participante ativa de ações relacionadas ao empoderamento e empreendedorismo feminino em redes sociais e eventos do ramo. Coautora do livro *Mulheres na Tecnologia II* e membro da comunidade Mulheres Inspiradoras, fundada por Geovana Quadros, cujo objetivo é aumento da qualidade do *networking* multisetorial entre mulheres.

LINKEDIN

A mentoria de carreira é uma ferramenta crucial para o desenvolvimento profissional, especialmente para mulheres de alta performance que enfrentam desafios únicos em ambientes corporativos ou até mesmo no empreendedorismo.

Diante disso, vamos iniciar esta mentoria analisando por onde começam as nossas dificuldades e refletindo sobre como podemos vencê-las.

Nós frequentemente enfrentamos uma série de desafios únicos que podem dificultar a nossa trajetória profissional, entre eles:

1. Desigualdade Salarial

Mesmo em posições de alta liderança, as mulheres muitas vezes recebem menos do que seus colegas homens. De acordo com dados do IBGE (Instituto Brasileiro de Geografia e Estatística), em 2023, mulheres no Brasil ganhavam, em média, cerca de 20% menos do que homens em posições equivalentes.

2. Preconceito de Gênero e Estereótipos

Mulheres líderes frequentemente enfrentam preconceitos e estereótipos de gênero que questionam suas capacidades e estilos de liderança. Esses estereótipos podem criar um ambiente de trabalho hostil e dificultar o reconhecimento de suas competências. As mulheres são muitas vezes vistas como menos assertivas, histéricas ou menos aptas a tomar decisões difíceis, o que pode influenciar negativamente as avaliações de desempenho e oportunidades de promoção.

3. Sub-representação em Posições de Decisão

A falta de representação feminina em conselhos administrativos e outras posições de decisão estratégica é um desafio significativo (hoje representa apenas 13%). A presença reduzida de mulheres nesses espaços limita sua influência e capacidade de promover mudanças sistêmicas dentro das organizações.

4. Falta de Mentoria e Patrocínio

O acesso a mentores e patrocinadores que possam ajudar a navegar a política corporativa e abrir portas para novas oportunidades é muitas vezes limitado para mulheres. Muitos programas de mentoria nas empresas são informalmente direcionados para homens, deixando as mulheres com menos apoio e orientação estratégica.

5. Equilíbrio entre Vida Profissional e Pessoal

O desafio de equilibrar responsabilidades profissionais e pessoais é particularmente agudo para mulheres em cargos de liderança. A pressão para atender às expectativas profissionais e, ao mesmo tempo, cumprir os papéis tradicionais de gênero em casa pode levar ao esgotamento e à dificuldade de manutenção do equilíbrio.

A falta de políticas de flexibilidade no trabalho, como horários ajustáveis e opções de trabalho remoto, pode exacerbar o estresse e o desequilíbrio entre vida profissional e pessoal. Embora as mulheres em cargos de alta liderança tenham feito progressos significativos, ainda enfrentam uma série de desafios. Precisamos promover uma liderança mais inclusiva e equitativa.

Mais importante ainda é provermos soluções para cada um dos pontos mencionados. Seguem algumas sugestões de

como as empresas podem se posicionar. Reflita se você está sendo uma agente transformadora e incentivadora para implementação destas práticas:

1. Desigualdade Salarial

Soluções:

• **Transparência Salarial + Auditorias Salariais Regulares**: implementar políticas de transparência salarial em que as faixas de pagamento para cada posição são divulgadas publicamente. Isso pode ajudar a identificar e corrigir discrepâncias salariais entre homens e mulheres.

2. Preconceito e Estereótipos

Soluções:

• **Treinamento em Diversidade e Inclusão**: promover programas de treinamento em diversidade e inclusão que abordem preconceitos inconscientes e estereótipos de gênero. Grandes empresas, como Oracle, Google e Microsoft, têm programas robustos nesse sentido.

3. Falta de Mentoria e Patrocínio

Soluções:

• **Programas Formais de Mentoria**: estabelecer programas formais de mentoria dentro das organizações para ajudar mulheres a navegar suas carreiras e desenvolver habilidades de liderança.

• **Redes de Networking**: incentivar a participação em redes de *networking* e associações profissionais que promovam o apoio e a mentoria para mulheres.

4. Conciliar Carreira e Família

Soluções:

• **Políticas de Trabalho Flexível**: implementar políticas de trabalho flexível, como *home office*, horários menos rígidos e semanas de trabalho comprimidas.

5. Microagressões e Cultura Organizacional
Soluções:

• **Treinamento em Sensibilização**: oferecer treinamento regular para todos os funcionários sobre o reconhecimento e a prevenção de microagressões e comportamentos discriminatórios.

• **Códigos de Conduta e Políticas Claras**: estabelecer e reforçar códigos de conduta e políticas claras que proíbam discriminação e assédio, com canais seguros e confidenciais para denúncias.

• **Avaliações de Cultura**: realizar avaliações regulares da cultura organizacional para identificar e abordar áreas problemáticas, promovendo um ambiente de trabalho mais inclusivo e respeitoso.

Implementação e Monitoramento

Além dessas soluções, é crucial que as organizações monitorem continuamente o progresso e ajustem suas estratégias conforme necessário. A inclusão de métricas específicas relacionadas à diversidade e inclusão nos objetivos corporativos pode ajudar a garantir responsabilidade e progresso tangível.

Abordar os desafios enfrentados por mulheres em cargos de alta liderança requer um enfoque multifacetado e um compromisso de longo prazo por parte das organizações.

Relação entre Liderança Feminina e Inteligência Emocional

A inteligência emocional (IE) é a capacidade de reconhecer, entender e gerenciar nossas próprias emoções, além de reconhecer, entender e influenciar as emoções dos outros. Na liderança, a IE é crucial para a eficácia, pois afeta diretamente a maneira como os líderes interagem com suas equipes, tomam decisões e resolvem conflitos. A inteligência emocional é geralmente dividida em cinco componentes principais:

1. **Autoconsciência**: reconhecer e entender suas próprias emoções.

2. **Autogestão**: gerenciar suas próprias emoções e comportamentos.

3. **Consciência Social**: reconhecer e entender as emoções dos outros.

4. **Habilidade Social**: gerenciar relacionamentos de forma eficaz.

5. **Empatia**: compreender e compartilhar os sentimentos dos outros.

Autoconsciência e Autogestão

Líderes femininas frequentemente demonstram alta autoconsciência e autogestão, o que lhes permite entender melhor suas reações emocionais e comportamentais. Isso facilita a manutenção de um comportamento equilibrado e controlado, mesmo em situações de alta pressão.

> "A chave para uma boa liderança é a autoconsciência. Saber como suas ações e emoções impactam aqueles ao seu redor pode transformar a dinâmica de uma equipe."
>
> *Sheryl Sandberg*

Empatia

Essa habilidade permite que as líderes compreendam profundamente as necessidades, preocupações e emoções de suas equipes, promovendo um ambiente de trabalho mais inclusivo e colaborativo.

> "Empatia é sobre encontrar ecos dos outros em você mesmo."
>
> *Oprah Winfrey*

Consciência Social e Habilidade Social

A habilidade de ler e interpretar as emoções dos outros, conhecida como consciência social, juntamente com a habilidade social para gerenciar relacionamentos, é essencial para a construção de uma equipe coesa e motivada. Líderes femininas tendem a ser eficazes em criar conexões fortes e significativas com suas equipes, baseadas em confiança e respeito mútuo.

> *"A comunicação eficaz é 20% o que você sabe e 80% como você se sente em relação ao que sabe."*
>
> *Jim Rohn*

Aqui abordo a mentoria de carreira através de cinco pilares fundamentais, incluindo citações de mulheres inspiradoras.

Pilar 1: Autoconhecimento e Autoconfiança

Autoconhecimento é a base para qualquer carreira bem-sucedida. Compreender suas próprias forças, fraquezas, valores e objetivos é essencial para traçar um caminho de carreira que seja gratificante e sustentável.

> *"Seja qual for a sua carreira, um dos grandes segredos do sucesso é a autoconfiança. Acreditar em si mesma é a chave para abrir todas as portas."*
>
> *Oprah Winfrey*

Você pode usar as ferramentas abaixo para desenvolver o Autoconhecimento:

▪ Feedback 360 graus: uma ferramenta que coleta *feedback* de colegas, subordinados e superiores para fornecer uma visão completa sobre a performance e comportamento.

▪ Testes de personalidade: o DISC e o MBTI (Myers-Briggs Type Indicator) podem ajudar a entender melhor suas preferências e inclinações.

Além disso, é essencial que você tenha muito claros os seus objetivos, desejos e limites também. Estar bem consigo mesma para alcançar o seu melhor potencial.

Pilar 2: Networking e Construção de Relacionamentos

Networking eficaz pode abrir portas para oportunidades de carreira que, de outra forma, permaneceriam fechadas. Para mulheres de alta performance como nós, é crucial construir e manter redes de contatos que possam oferecer suporte, orientação e oportunidades. Normalmente focamos tanto no nosso trabalho que não dedicamos tempo para construir e aumentar a nossa rede de contatos, novas conexões que nos fazem crescer ainda mais. Novos pontos de vista podem gerar *insights* valiosos para resolução de problemas, transição de carreira, desafios no crescimento corporativo entre outros. Não deixe para começar o *networking* quando estiver precisando, será tarde demais.

"Networking não é apenas conectar pessoas. É sobre conectar pessoas com pessoas, pessoas com ideias, e pessoas com oportunidades."

Michele Jennae

Estratégias de *networking* que tenho usado:

- Participação em conferências e seminários: eventos profissionais são ótimos lugares para conhecer novas pessoas e fortalecer conexões existentes.

- Grupos de mentoria: participar de grupos de mentoria pode proporcionar um ambiente de apoio e aprendizado mútuo.

- Participação em comunidades especializadas em *networking* feminino.

Pilar 3: Disciplina, Desenvolvimento de Habilidades e Educação Contínua

O desenvolvimento contínuo de habilidades é fundamental para manter a relevância e competitividade no mercado de trabalho. Mulheres de alta performance devem investir em sua educação contínua, seja através de cursos formais, *workshops* ou aprendizado autodidata. Investir em nós mesmas é o maior bem que podemos fazer.

> *"A excelência é um hábito. Para ser excelente, você precisa se dedicar constantemente a melhorar e a aprender com seus erros."*
>
> *Chieko Aoki*

Áreas de Desenvolvimento:

- Habilidades técnicas: manter-se atualizada com as últimas tecnologias e metodologias em seu campo.

- Habilidades de liderança: cursos de liderança, gerenciamento de projetos e outras habilidades de *soft skills* são essenciais.

- Disciplina e exemplo para si e para o time.

Pilar 4: Equilíbrio entre Vida Pessoal e Profissional

Alcançar um equilíbrio saudável entre vida pessoal e profissional é um desafio significativo, especialmente para mulheres que muitas vezes enfrentam expectativas sociais e profissionais conflitantes. Essa é uma das tarefas mais difíceis, mas temos que encontrar o caminho para tornar a nossa jornada mais proveitosa. Não devemos comparar o nosso caminho, a nossa vida com a dos outros. Encontre o seu equilíbrio e o que funciona para você.

"Você não pode ser tudo para todos, mas você pode ser tudo para si mesma. Encontre o seu equilíbrio."

Michelle Obama

Estratégias que uso:

▪ Definir limites claros: estabeleça limites entre trabalho e vida pessoal e comunique-os claramente.

▪ Práticas de autocuidado: atividades como meditação, exercícios e *hobbies* são essenciais para manter a saúde mental e física.

Pilar 5: Liderança e Impacto, aprendam com os seus erros

Estudos mostram que empresas com mulheres em cargos de liderança tendem a ser mais inovadoras e lucrativas. Mas estamos colocando isso em prática? Precisamos nos mostrar e fazer marketing sobre as nossas entregas e resultados. Mostrar o impacto das nossas decisões e dos nossos números.

Ao mesmo tempo, devemos aprender com os nossos erros e com os erros dos outros principalmente. Errar e saber corrigir rápido, contendo os danos.

> *"Nunca deixei que os obstáculos me definissem. Em vez disso, sempre os vi como oportunidades para inovar e melhorar."*
>
> *Janete Vaz*

Um olhar positivo sobre as situações cotidianas é a chave para o sucesso. Sempre haverá dias difíceis, mas como vamos conduzir isso e contagiar as pessoas ao redor só depende de nós.

Características valiosas para Líderes Femininas:

Empatia

A capacidade de entender e compartilhar os sentimentos dos outros é uma das características mais marcantes das líderes femininas, criando ambientes de trabalho inclusivos, compreendendo melhor as necessidades de suas equipes e promovendo um clima de cooperação e respeito mútuo.

> *"A liderança não é sobre ser o melhor. É sobre fazer com que todos ao seu redor se sintam melhor."*
>
> *Cristina Junqueira*

Resiliência

A resiliência é a habilidade de se recuperar rapidamente das adversidades e enfrentar desafios com determinação. Líderes femininas muitas vezes precisam superar obstáculos significativos e demonstrar uma capacidade notável de perseverar em meio a dificuldades.

Visão Estratégica

Ter uma visão clara e estratégica é essencial para líderes que desejam guiar suas organizações em direção ao crescimento e sucesso sustentáveis. As líderes femininas são frequentemente reconhecidas por sua capacidade de ver além do presente e planejar o futuro com criatividade e inovação.

Comunicação Eficaz

A habilidade de comunicar-se de maneira clara e eficaz é crucial para a liderança. Líderes femininas geralmente se destacam em construir relacionamentos através de uma comunicação aberta e honesta, facilitando a colaboração e a resolução de problemas.

> *"Para ser um bom líder, você precisa aprender a ouvir mais do que a falar. Somente ouvindo você consegue entender as necessidades de sua equipe e clientes."*
>
> *Luiza Helena Trajano*

Colaboração

A capacidade de trabalhar bem com os outros e fomentar um espírito de equipe é uma característica essencial para qualquer líder feminina, assim, todos os membros da equipe se sentem valorizados e engajados.

> *"O segredo do sucesso é o trabalho em equipe. Ninguém consegue nada sozinho, e saber valorizar cada membro da equipe é fundamental."*
>
> *Sônia Hess*

Espero que esta mentoria lhe mostre que estamos em uma jornada multifacetada que envolve autoconhecimento, *networking*, desenvolvimento contínuo, equilíbrio pessoal e liderança. Ao adotar esses pilares, nós alcançaremos não apenas o sucesso profissional, mas também nos tornaremos líderes inspiradoras que pavimentam o caminho para as futuras gerações. Alcançaremos o nosso sucesso pessoal. O impacto que podemos gerar é profundo e transformador, e a sua contribuição é essencial para a construção de um mundo mais equitativo e inovador.

O seu sucesso só depende de você, do seu autoconhecimento, disciplina e foco no seu objetivo de carreira e pessoal.

Como posso ajudar você hoje?

ALINE SWENSSON

Engenheira em telecomunicações e especialista em marketing pelo IBMEC, trabalha em tecnologia há mais de 25 anos, possuindo profunda experiência sobre o setor de TI e o gerenciamento de parcerias. Atuou em diversas empresas do segmento como executiva sênior nas áreas técnica, comercial e produtos, entre elas Intelbras, Philips, Monytel, Telesul, Anixter, Network1, Scansource e Agis. Apaixonada por tecnologia, atua ativamente na promoção da diversidade e inclusão no mercado de TI e, através da participação em diferentes grupos do setor, apoia a capacitação de mulheres para seguirem carreiras na área de TI, contribuindo assim para o impacto social desta indústria.

LINKEDIN

Como posso ajudar você HOJE?

Quando fui convidada pela editora Leader para participar desta nova obra (sendo que havia recentemente participado como coautora do livro *Mulheres na Tecnologia* – Vol. I), levei certo tempo para tomar a decisão de aceitar o convite, ou melhor, o desafio. Isso porque, na minha visão, muito do que se pode compartilhar sobre qualquer tema hoje em dia, inclusive sobre mentoria, está pronto e de maneira ampla e gratuita, disponível na internet.

Na internet, literalmente de A a Z, podemos encontrar de tudo um pouco. Uma vastidão de informações (e desinformações também), e, se você for uma daquelas pessoas ávidas por obter conhecimento, com certeza terá na web um prato cheio para saciar suas necessidades. Então, como eu poderia contribuir de forma efetiva com qualquer tema, sem transformá-lo em um clichê? Minha resposta: já que o objetivo desta obra é o de mentorar, eu poderia abordar o assunto a partir da minha visão sobre mentoria, ajudando o leitor a extrair o que ela pode oferecer de melhor, ilustrando o tema através de *cases* que vivenciei, tanto como mentorada como mentora e que até hoje continuam vivos em minhas reflexões e me ajudam diariamente.

Espero que goste!

É sobre TEMPO e REFLEXÃO

Para começar, gostaria de registrar que sou muito grata pela oportunidade de ter sido mentorada por importantes executivos de mercado. Alguns de maneira formal, através de serviços contratados, já outros simplesmente pelo apreço que tinham em compartilhar suas histórias, seu tempo. Diferentemente dos processos de Coaching, onde se procura organizar ideias, comportamentos e ações para traçar novos caminhos, sejam eles pessoais ou profissionais, aprendi com estes executivos que a mentoria tem um objetivo completamente diferente.

O processo de mentoria não tem a pretensão de levá-lo de A para B, transformar você em outra pessoa ou mudar radicalmente a maneira de conduzir seu modo de se posicionar profissionalmente ou pessoalmente. A mentoria está aqui para ajudar a entender e a enfrentar situações, obstáculos, preencher lacunas, trazer luz a situações em que a chave para o sucesso pode depender de pausas, análises mais profundas, de diferentes pontos de vista ou mesmo de aconselhamento. Por isso **tempo e reflexão** são tão importantes no processo de mentoria. Para mim, mentoria é sobre desacelerar para ganhar impulso, se colocar no lugar do outro, compartilhar experiências e ações que deram certo, mas também aquelas que não deram. Quanto melhor você utilizar estes recursos, tempo e reflexão, maior será seu aproveitamento na jornada de aprendizado proporcionada pela mentoria.

É sobre como você consome INFORMAÇÃO

Cada indivíduo tem sua maneira própria de absorver informações e considero meu jeito bastante peculiar. Gosto de ler, fazer cursos, conversar com pessoas e sou muito atenta a detalhes, principalmente no âmbito profissional. Como atuo há muito tempo com tecnologia, sempre que entro em algum ambiente, observo todos os detalhes do local e, quando identifico soluções e marcas conhecidas, que possam fazer ou façam parte do portfólio com que estou habituada a trabalhar, fico literalmente vidrada e tento entender como e porque aquela solução está sendo utilizada. É um comportamento automático, uma chave que não consigo desligar.

Porém, para absorver melhor esse conteúdo, entender essa solução, gosto de transformar tudo em histórias. Isso também vale para uma conversa informal, um filme a que tenha assistido, um livro que tenha lido ou mesmo uma reunião de negócios. E isso porque as histórias me ajudam a organizar estas informações e tornam mais fácil transformá-las em ideias e compartilhá-las de forma suscinta, garantindo assim que a parte que irá recebê-las entenda prontamente o que desejo compartilhar, sem meios-termos.

Dica #1 – Encontre seu jeito de consumir, assimilar e compartilhar INFORMAÇÃO

Sempre fui uma pessoa orientada a desenvolver relacionamentos e, em qualquer lugar em que eu esteja, puxo conversa com todo mundo. Gosto dos mais diversos assuntos e fixo melhor as informações sobre estes novos contatos a partir de pontos peculiares de cada indivíduo. Ou seja, me interessa saber se a pessoa com quem converso pratica algum esporte, gosta de música, participa de um grupo social específico. Busco obter informações que me auxiliarão a fixar características marcantes daquele indivíduo e por consequência me farão lembrar, através dessa associação, mais facilmente de pontos importantes sobre esse contato.

Mas esse comportamento não é algo que eu tenha praticado desde sempre. Na verdade, ele começou como uma forma de garantir uma conexão mais marcante com todos com quem eu me relaciono. Em certo ponto de minha carreira, atuando como instrutora de treinamentos técnicos, semanalmente conhecia cerca de 20 novos profissionais com os quais manteria contato de longo prazo. Lembrar o nome de todos era uma tarefa nada fácil e, além disso, não podemos esquecer que as pessoas gostam não apenas de serem lembradas, mas sim reconhecidas, então, quando eu iniciava novas turmas, me apresentava incluindo no diálogo algo diferente, marcante, que os participantes sempre lembrariam e pedia que fizessem o mesmo. Por fim, além de virar uma marca registrada, essa técnica me ajuda até hoje a manter minha memória ativa e minha agenda de contatos atualizada.

É sobre olhar de PERTO para enxergar de LONGE

Vejo frequentemente como **é comum buscarmos** respostas complexas, assinadas por especialistas, pessoas que admiramos ou que estejam bem cotadas na mídia, os chamados influenciadores, sendo que a ajuda que procuramos pode estar ao nosso lado. Nossos colegas, gestores diretos e indiretos, podem ter uma grande bagagem para compartilhar, mas que muitas vezes subestimamos porque temos a tendência de achar que o que vem de fora é mais efetivo, mais completo.

Mas, se santo de casa nem sempre faz milagres, eu convido você a expandir seu foco e acompanhar se ele não está trabalhando nos bastidores para o ajudar! Para ilustrar sobre o que me refiro, vou contar um trecho de uma situação que aconteceu comigo na qual foi necessário adaptar a minha forma de me comunicar com um mentorado para garantir que minha mensagem e intenção fossem mais bem posicionadas. Isso mesmo, o mentor também precisa se adaptar para que possa dar o melhor de si.

Dica #2 – Lembre-se que a responsabilidade da comunicação é sempre do EMISSOR

Há alguns anos, gerenciei uma equipe de profissionais de marketing e desenvolvimento de negócios muito jovem. Boa parte deles era oriunda de boas universidades ou as estava cursando e em sua maioria eram provenientes de famílias cujos pais ou familiares próximos tinham alcançado certo sucesso profissional justamente pelo fato de também terem frequentado boas faculdades.

Lembro-me como se fosse hoje de conversas que realizávamos sobre ascensão profissional baseada em formação escolar e sobre minha relutância em concordar com certos comentários, pois eu, formada em escolas do estado e que havia estudado em uma universidade desconhecida, me sentia a prova viva de que, independentemente de sua formação ter ocorrido em uma instituição renomada ou não, o conhecimento adquirido neste percurso, a vontade de utilizá-lo, de exercer sua profissão e a demonstração constante de suas habilidades, sim, o fariam ser reconhecido e considerado para certas posições e desafios profissionais, e não simplesmente o fato de ter estudado em uma boa escola. Só que nem todos concordavam comigo.

Dica #3 – A beleza está em CONCORDAR em DISCORDAR

Um dos profissionais desse grupo, e que havia me convidado para ser sua mentora, me desafiou a provar que ele estava errado e que eu estava certa. A bem da verdade esse nunca foi o meu intuito, mas sim o de ajudá-lo a ter uma visão mais ampla do mundo profissional, pois naquele momento eu já havia passado por diversas organizações e entendia que carregava certa bagagem que poderia contribuir com nossas conversas, enquanto ele estava em seu segundo emprego formal.

Mas vamos aos fatos. O que eu via e contestava neste mentorado era uma pessoa que, apesar de demonstrar interesse por desenvolvimento profissional, repetia diariamente os mesmos hábitos. Todos os dias almoçava com os mesmos colegas, sem exceção. Frequentemente declinava de eventos, reuniões ou qualquer ação que entendesse não fazer parte da descrição principal do seu trabalho (sendo que nosso intuito ao convidá-lo era o de promover um estímulo para novos conhecimentos). Seu envolvimento com outras áreas da companhia ou mesmo seu relacionamento com outras pessoas fora do seu círculo de colegas diretos era praticamente nulo. Era como se vivesse em uma bolha.

Ele comentava constantemente que queria crescer na carreira, ter uma remuneração melhor, ser promovido para uma posição mais alta e entendia que estava no limite de sua função, porém, mesmo dispondo de conhecimentos fora de sua área de atuação e frequentemente estimulado pelos colegas a demonstrar estes conhecimentos, não o fazia e ainda tinha a convicção de que não era sua responsabilidade dar conhecimento aos outros sobre estas capacidades, mas sim, que sua formação escolar por si só bastava para ser reconhecido e que, consequentemente, o levaria longe (ou seja, para conhecê-lo você precisaria ler o seu currículo).

Enfim, você pode estar pensando que ele **não era um profissional no qual a empresa devesse investir**, certo? Mas, ao contrário do que parece, ele possuía uma criatividade indescritível, pensava à frente do seu tempo sobre temas relacionados **à área de formação profissional escolhida** e entregava suas tarefas com muita qualidade. Só que apenas quem fazia parte de sua bolha tinha essa informação.

Eu ficava inconformada em ver uma pessoa com tanto potencial, fechado em um mundo tão próprio. E eu não iria desistir, não sem tentar. Porém, por mais que nossas conversas fossem na direção de tentar apresentar a ele um mundo que havia fora da bolha que ele havia criado, eu ainda continuava escutando que estava errada.

Era hora de dar um salto de fé. Se eu ainda não tenho a admiração ou prestígio suficiente para despertar seu interesse por algo diferente, mesmo tendo sido convidada por ele para ser sua mentora, eu posso então buscar algo ou alguém que talvez consiga. Foi então que soube que um renomado professor e palestrante internacional estaria no Brasil para lançar seu livro cujo tema central era "Liderança por Confiança". Naquele momento me veio apenas um pensamento: "Será que ele confia que minhas intenções são as melhores em relação ao desenvolvimento de seu potencial?". Decidi chamá-lo para uma conversa em que procurei deixar minhas intenções muito claras e o convidei para ouvir o que eu pensava sobre o tema, mas através das palavras de outra pessoa. Fomos então juntos ao lançamento do livro, precedido de uma palestra sobre o tema.

Bom, eu poderia contar o restante da história em detalhes, mas resumo trazendo dois acontecimentos que me marcaram e me fizeram introduzir esta história a você.

Primeiro, a mentoria nem sempre será um processo em que um mentorado virá até você pedindo ajuda, mas sim um exercício em que você, mentor, escolhe enxergar o que há de bom na outra pessoa e pode não estar sendo explorado (este colega ao final da palestra veio até mim agradecendo pela oportunidade e por ter sido exposto a um choque de discernimento, pois precisou ver LONGE, em um palestrante internacional, tudo que estávamos trabalhando nele de PERTO, e que, por paradigmas ele **não reconhecia)**.

Ao final deste evento, na fila de autógrafos, eu, como não poderia ser diferente, puxei assunto com uma pessoa que estava na minha frente e contei que comigo estavam algumas pessoas do meu time, pois meu objetivo era instigá-las a um repertório que estávamos discutindo, no entanto, através de um ponto de vista diferente. Mal sabia eu, mas estava diante de uma das executivas de RH mais importantes do segmento financeiro e que na época era integrante de um grupo pioneiro de executivas de São Paulo para o qual fui convidada, naquela fila, a ingressar. E quanto ao meu colega... mostrei ao vivo o poder de viver fora de uma bolha e fico feliz em dizer que ele teve a mensagem altamente fixada e pôde comprovar ali mesmo o poder dos relacionamentos.

Dica #4 – Haverá vezes em que você terá que se reinventar... e não os outros!

É sobre enxergar BIFURCAÇÕES como CONEXÕES.

Talvez você já conheça o termo "nexialista", que tem como base a palavra "nexo" (prefixo que faz referência àquele que é capaz de estabelecer as conexões necessárias para resolver problemas). Confesso que a conheci recentemente, inclusive em um processo em que estava sendo mentorada e fiquei surpresa com seu poder, **não apenas porque ela vem** de uma composição da intersecção dos comportamentos do indivíduo especialista e do generalista, mas porque está associada ao ato de criar conexões entre estes dois comportamentos e extrair assim o melhor de ambos.

Dica #5 – O mundo ainda precisa de TODOS os PERFIS

Tudo bem se você escolher uma carreira com perfil especialista com o objetivo de entender com muita profundidade sobre um tema específico ou mesmo uma carreira generalista, em que haverá o predomínio da pluralidade, podendo então discorrer sobre variados assuntos, transitar entre diversas áreas de uma organização e por consequência do mercado em geral. Mas quero aqui, como desfecho do capítulo, trazer um convite para o aprofundamento e o desenvolvimento das características que tornam o indivíduo um nexialista, ou melhor, o profissional mais cobiçado pelo mercado no momento.

O nexialista tem uma visão holística do todo, conseguindo performar em todos os ambientes e fazendo valer suas habilidades de conexão. Nem sempre será um profissional que terá todas as respostas, mas saberá onde encontrá-las.

Quando líder, ele buscará desenvolver um melhor entendimento sobre mentalidade e comportamento, aprimorando suas habilidades para motivar pessoas com base em clareza e objetividade. Sua capacidade de inspirar pelo exemplo, buscando através de sua atuação e entregas, irá provocar transformações na vida das pessoas.

Independentemente da posição que estiver ocupando, terá uma forte crença no aprendizado contínuo, pois sabe que o desenvolvimento e a criação de oportunidades em um mundo cuja velocidade da transformação dos mais diferentes negócios e setores é efervescente. Por isso, ficar parado para ele não é uma opção.

E por fim, o nexialista é persuasivo, mas sempre busca uma comunicação altamente assertiva. Por isso, persuasão **não pode**rá faltar em um profissional que deseje estar preparado para potencializar sua carreira.

Dica #6 – Independentemente do caminho que você escolher, inclua nele ser um ETERNO APRENDIZ

Chegamos ao final deste capítulo e, a despeito do caminho que você escolher, fica aqui meu sincero desejo de que você inclua em sua lista o comportamento de um eterno aprendiz. Nunca deixe, ou melhor, nunca pare de aprender... e, se possível, também de ensinar!

**Transformar uma TI
local em uma TI de
padrão global e ainda sustentar
o crescimento do negócio**

ANA LAURITO

Formada em Administração de Empresas pela Pontifícia Universidade Católica (PUC-SP) e com especialização em Desenvolvimento de Gestão Empresarial pelo ISE (Instituto Superior de Empresa). Carreira desenvolvida e consolidada em TI, com mais de 20 anos de experiência em diversas posições de liderança em TI e Projetos (PMO), em multinacionais como Avon Cosméticos, DuPont, Citibank, Sanofi, Companhia das Letras (Grupo Bertelsmann), Natura &Co e Symrise, em funções locais, regionais e globais. Associada da MCIO Brasil, que visa expandir a participação da mulher na área de Tecnologia e mais recentemente se tornou membro da Extraordinary Women in Tech (EWiT), by Avenue Code, uma organização internacional que tem como missão ampliar a voz feminina em Tecnologia no mundo. Destaque também para outros papéis paralelos e igualmente desafiadores como: esposa, mãe, filha, irmã, amiga dentre outros.

LINKEDIN

O desafio

Um dos maiores e mais intensos desafios da minha trajetória foi quando liderei a área de Tecnologia da Informação (TI) de um negócio o qual eu não conhecia e sobretudo bem específico no mercado: era uma editora.

Uma empresa local de sucesso com cerca de 150 colaboradores, três sites no Brasil, vários selos, muito bem-sucedida no mercado brasileiro e reconhecida no mundo editorial, que acabou atraindo os olhares de um grande grupo europeu que ainda não tinha participação no Brasil. Assim, o grupo europeu assumiu a posição de sócio majoritário da empresa após aquisição de mais de 50% do negócio, iniciando o processo de integração com o grupo a começar pela área de Tecnologia, com o objetivo de transformar a TI local em uma TI de padrão global para suportar o crescimento do negócio de forma sustentável e alinhada às diretrizes do grupo.

Com uma formação em Gestão de Projetos e vivência diversificada em empresas multinacionais de culturas e questões diferentes para serem endereçadas/tratadas, adquiri conhecimento em diversas ferramentas e modelos que acabo utilizando para aplicação em várias situações. É importante ressaltar que não há uma receita pronta e com garantia de sucesso, mas ter uma estratégia e um plano nas mãos, nem que seja na sua cabeça ou em "papel de pão", como costumo dizer, é fator crítico de sucesso para qualquer movimento, ação ou desafio que precise ser feito.

Trilhando o caminho

Assim, com os principais objetivos iniciais da área em mãos, transformação, integração e sustentação, criamos um grande programa composto por mais de cem projetos e iniciativas com um horizonte de execução entre dois e três anos, somando-se mais outros tantos projetos devido à pandemia. Foi necessário também considerar uma variedade de tópicos para garantir o alinhamento estratégico, eficiência operacional e entrega de valor, principalmente por se tratar de um negócio e uma organização completamente desconhecidos pra mim. Portanto, a experiência em outras organizações, estruturação de projetos e o conhecimento em ferramentas de suporte foram fundamentais para a estruturação de múltiplos e diferentes temas necessários para atingir os objetivos da organização.

Para este e qualquer outro desafio que envolva revisão de processos; identificação de melhorias e oportunidades; consequente definição e implementação de planos de ação que podem ser compostos por vários projetos e subprojetos, avaliação e finalmente revisão dos resultados obtidos, a recomendação é lançar mão de recursos e ferramentas simples, fáceis de aplicar e já testadas e consolidadas no mercado.

A ferramenta adotada foi bastante aplicada nos últimos anos na área de TI: o PDCA (*Plan, Do, Check and Act*). E, ainda, ela também pode ser utilizada como ferramenta de melhoria contínua para várias áreas, processos e necessidades além da TI, tornando-se um "Ciclo PDCA".

Para cobrir todos os tópicos necessários, como recomendação adicional, é interessante aplicar o PDCA sob a ótica do conhecido tripé da gestão empresarial como base para uma gestão eficiente e melhor estruturar os planos de ação. São eles:

Pessoas

Tecnologia

Processos

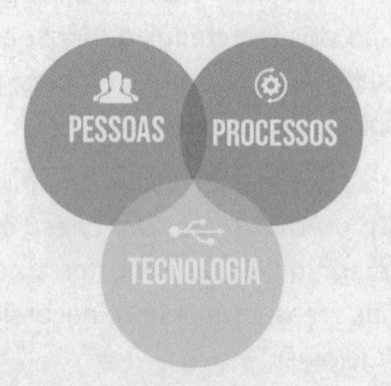

Portanto, para este grande programa, a aplicação do modelo PDCA, considerando o tripé da gestão empresarial, ficou assim:

1ª Etapa: Planejar *(Plan)* - Tomando pé da situação e definindo os próximos passos

Esta é a etapa mais complexa e importante do modelo, na minha opinião. O foco é planejar e definir os seus próximos passos! Nesta etapa é necessário mapear os tópicos, problemas e processos que precisam ser avaliados, melhorados e/ou modificados e elaborar medidas para a resolução deles. Assim, o resultado é sempre um plano de ação para ser executado na próxima etapa.

Também é importante identificar a interdependência e sequência dos temas/projetos e quais indicadores poderão ser utilizados na avaliação dos resultados após a execução dos planos de ação ou projetos.

Outra dica importante é não pular etapas! Elas são interdependentes e cada uma é predecessora à outra.

Pessoas sempre em primeiro lugar!

Como este é sempre um tema delicado, mas importantíssimo, e para efeito de melhor organização das ações, recomendo subdividir em dois outros temas a seguir:

Time de TI

Identificar e conhecer o time de TI, entender a estrutura organizacional, funções de cada um, tempo de casa, experiências, expectativas, receios, anseios, conhecimentos e necessidades de capacitação tanto *hard skills* quanto *soft skills*.

Outra forte recomendação nesta fase é identificar rapidamente os *backups* das posições críticas, inclusive da liderança, para apoio durante o processo de transformação e ausências programadas ou não e preencher o mais rápido possível os *gaps* identificados é crítico para aplicação das mudanças necessárias.

Após conclusão do mapeamento, deve-se montar plano de ação inicial, considerando a estrutura necessária de TI diante das estratégias de negócio.

Contar com o RH para propor, planejar e executar ações de *team building* e *change management* são altamente recomendáveis para promover integração, confiança, colaboração e comprometimento.

Clientes internos

Além de entender as estratégias globais do negócio e da tecnologia, é imprescindível entender a estratégia, as necessidades e as dores dos times de negócio e corporativo (Finanças, RH, etc.) locais.

A recomendação aqui também é utilizar uma outra ferramenta: o VOC (*Voice of Customer*). Trata-se de uma conversa estruturada e individual com as lideranças baseada na estrutura organizacional e recomendações tanto do time de RH, TI e das próprias lideranças, com o objetivo de entender as estruturas das áreas de negócio e corporativas, as estratégias, projetos, desafios, necessidades, preocupações e expectativas com relação à TI, além de estabelecer relacionamento com as pessoas e entender a cultura organizacional.

Após conclusão do VOC, é necessário definir as ações, alinhá-las ao plano geral, priorizá-las junto às lideranças locais e globais para sinergia, alavancagem e obtenção de suporte para a realização das mesmas.

Tecnologia: o que tem pra hoje?

Neste tópico, uma vez que já tenha recebido as guias e padrões globais da TI, o fundamental é entender aonde se "está pisando" e montar um plano considerando os temas abaixo:

Infraestrutura Tecnológica

Fazer um levantamento e avaliação minuciosa de toda a infraestrutura de *hardware* (servidores, *switches, firewalls, storages, backups, workstations*, impressoras, dispositivos gerais, etc.) e *softwares* existentes (*softwares* colaborativos, *softwares* básicos, correio eletrônico, *softwares* de segurança, etc.), tanto aqueles que estão nos *servers rooms* ou *data centers* locais quanto em nuvem. Identificar quais os ativos críticos, tempo de uso, garantias, etc.

Identificar áreas de melhoria e atualizações tecnológicas necessárias, priorizar e planejar as mesmas.

Contar com consultorias especializadas para ajudar no processo também é uma recomendação que merece ser avaliada para agilizar tanto o mapeamento quanto a recomendação do plano de ação/projetos.

Sistemas e Aplicações

Fazer o inventário de todos os sistemas e aplicações em uso, analisar a eficácia e relevância de cada sistema para o negócio, bem como a capacidade atual dos mesmos e seu potencial de escalabilidade. Identificar e avaliar o modelo de integração entre os sistemas.

Definir e planejar estratégias para futuras expansões e requisitos de crescimento.

Inovação e Tendências Tecnológicas:

Avaliar e analisar as tendências tecnológicas relevantes para o setor, bem como explorar as oportunidades para inovação.

Desenvolver uma estratégia de adoção de novas tecnologias alinhada à estratégia de TI global.

Processos: como funciona?

Os processos orquestram todos os componentes da tecnologia e são responsáveis por garantir sua sustentação. Os processos de TI abordados neste programa são de abrangência local, pois aqueles que envolvem arquitetura, definição de padrões, etc., são de abrangência global e pré-definidos:

Governança de TI e Operações:

É necessário revisar as práticas de governança existentes e avaliar a conformidade com regulamentações e normas do setor, além do alinhamento com as guias globais, as necessidades do negócio, alinhadas à segurança da informação, rastreabilidade e controle.

Definir e priorizar as mudanças necessárias de acordo com as melhores práticas de governança.

Processos de Desenvolvimento e Manutenção:

Revisar os métodos de desenvolvimento de software e avaliar os processos de manutenção e suporte.

Gestão de Riscos e Segurança da Informação:

Este é um dos tópicos mais críticos e que se tornaram mais relevantes durante a pandemia. Assim, é de extrema importância realizar um mapeamento dos riscos e avaliar as vulnerabilidades, além de revisar as políticas de segurança da informação existentes.

Definir e priorizar as mudanças necessárias de acordo com as melhores práticas de mercado, alinhadas às guias globais e aplicáveis ao negócio.

Relacionamento com Outras Áreas da Empresa:

Mapear e avaliar a integração e processo de comunicação entre a TI, as demais áreas e os principais *stakeholders* da empresa para garantir alinhamento, suporte e colaboração.

Desenvolver planos para melhorar a comunicação e colaboração interdepartamental, considerando também os resultados do VOC.

Custos e Orçamentos:

Avaliar os custos operacionais e de manutenção e elaborar um orçamento alinhado com os objetivos estratégicos e a previsão das mudanças de acordo com os planos a serem executados.

Identificar oportunidades de otimização de custos e planejar as ações para aplicá-las para ajudar a financiar as demais ações dos planos é importante para apoiar a empresa nos demais investimentos necessários.

Gestão de Projetos e Metodologias Ágeis:

Avaliar as práticas de gerenciamento de projetos existentes na organização e considerar a adoção de metodologias ágeis para aumentar a flexibilidade e a capacidade de resposta.

Avaliação de Desempenho:

Definir indicadores de desempenho e implementar sistemas/processos de monitoramento e controle.

2ª Etapa: Executar *(Do)* - A hora de colocar a mão na massa!

Esta é a etapa para colocar em prática tudo o que foi definido, priorizado e planejado na etapa anterior, considerando:

As práticas/modelos de gestão de projetos (cascata, ágil ou híbrido) que façam sentido para cada plano/projeto.

A disponibilidade dos recursos (pessoas, financeiros e tempo) necessários para a execução dos projetos.

A capacitação antes, durante e após a execução dos projetos.

Como ponto de atenção para esta etapa, os grandes desafios são: foco, comunicação e gestão de pessoas. Entretanto, muitas vezes, ajustes e correção de rotas são necessários, principalmente diante de adversidades como foi a pandemia. Portanto, habilidades de controle, gestão de pessoas, comunicação (escrita e verbal), negociação e flexibilidade são altamente exigidas nesta etapa.

3ª Etapa: Verificar *(Check)* - A hora da verdade!

Esta é a etapa de avaliação dos resultados do que foi executado comparando com os indicadores, métricas e/ou expectativas esperadas que foram definidas na etapa de Planejamento.

Neste momento, também se pode determinar ajustes adicionais ao processo implementado ou ao projeto, afinal nada está escrito em pedra e a organização é dinâmica. Neste caso, volta-se para a etapa de Planejamento para definir as novas ações.

4ª Etapa: Atuar *(Act)* - Missão cumprida?

Nesta última etapa, é quando, uma vez que os objetivos de cada plano ou projeto foram alcançados, por menor que tenha sido, o resultado deve ser documentado, padronizado e publicado para os envolvidos para a devida aplicação. É importante também estabelecer monitoramento e controles para verificar a efetividade do que foi implementado e assim reiniciar um novo ciclo, se necessário, garantindo sempre a continuidade da melhoria implementada ou a adaptação a um novo cenário, reiniciando um novo ciclo.

Para lembrar e evitar:

Fazer sem planejar;

Definir metas sem métodos para atingi-las;

Não capacitar a equipe antes da execução;

Fazer e não checar;

Não corrigir pequenos erros;

Completar o ciclo PDCA apenas uma vez.

Considerações finais: qual foi o resultado do programa?

O programa for executado em três anos e entregou com sucesso projetos como: a integração com o grupo global; revisão do parque tecnológico; troca de ERP, implementação de ferramenta de CRM; revisão dos processos internos de TI; reposicionamento da área na organização e ainda contribuiu para a "volta por cima" sobre a pandemia, suportou um crescimento do negócio acima de 100%; um M&A (*Merge & Acquisition*); quatro implementações de *market place*; reestruturação do centro de distribuição, implementação de uma loja piloto no varejo e um time de TI mais robusto e preparado para os desafios que ainda estavam por vir.

Sabemos que nem tudo sai conforme planejado e há situações completamente inesperadas que podem afetar parte ou todo o plano e/ou projeto, independentemente da etapa. Mas com um time engajado, mantendo "a linha mestra" do programa e com o suporte da alta liderança, os resultados são sempre extraordinários!

De onde venho e para onde vou (parte 2)

ANA ROSA SOARES MARCUARTÚ

Mulher, 55 anos, casada e mãe. Conectora de pessoas, ideias e soluções. Executiva sênior de Tecnologia com +40 anos de experiência, engenheira elétrica/Telecom, conselheira consultiva e embaixadora Capítulo Rio de Janeiro do Virtual Advisory Board – VAB, Mentora em Design de Carreira e de Startups, palestrante. Empreendedora e consultora na área de Desenvolvimento Humano e Modelos Sustentáveis de Governança. Especialista em Neurociências e Comportamento. Certificações em Coaching, Mentoring e Advice Humanizado, Educação de Futuros e Strategic Foresight. Coautora dos livros *Mentoring, Coaching e Advice Humanizado* (2023) e *Mulheres na Educação – o poder de uma história* (2024), pela Editora Leader Mentora voluntária nos Programas de Mentoria LÍDERNEGRA e Nós por Elas do Instituto Vasselo Goldoni. Idealizadora do Projeto Conexão Mulher em parceria com a Amorio2 (desde 2023). Facilitação e palestras em Futuro do Trabalho, Inteligência Artificial Aplicada à Prática, Reinvenção e Movimentos de Carreiras, Comunicação Empática, Liderança Humanizada, Diversidade e Inclusão.

LINKEDIN

Nessa minha terceira coautoria, duas delas na Série Mulheres, recebi com muito carinho o convite para falar da minha história em Tecnologia. Como forma de homenagear a iniciativa, compartilharei algumas histórias especiais que conectam minha trajetória com o presente e o futuro que construo. Seja bem-vinda e bem-vindo!

Minha jornada em tecnologia começou cedo, impulsionada pela paixão por conhecer novos mundos e buscar compreensão, aprendizado e conhecimentos que pudessem trazer uma vida melhor. Esse combustível me manteve resiliente diante dos desafios enfrentados ao longo do caminho e grata pelas conquistas alcançadas. Dedico este capítulo às jovens leitoras que estão no início de suas escolhas profissionais, pois elas têm um mundo ao seu alcance e são as líderes de si mesmas e das próximas décadas.

Uma carreira em Tecnologia: Por onde começar

O preparo é fundamental para alcançar resultados consistentes em qualquer carreira. Minha jornada em Tecnologia começou cedo, ainda no que equivaleria hoje ao Ensino Fundamental, onde descobri as possibilidades de uma carreira técnica profissionalizante. O incentivo da minha mãe, Antônia, foi crucial nesse processo, atuando como minha primeira e maior mentora.

Enfrentar um processo de seleção concorrido para ingressar no curso Técnico em Telecomunicações foi o primeiro desafio que envolveu bastante dedicação, disciplina e foco na etapa de seleção. Durante o curso, conquistei minha primeira experiência profissional como bolsista em uma posição de auxiliar administrativa, o que me proporcionou uma experiência prática que se somava aos conhecimentos técnicos adquiridos no curso.

A formação técnica me permitiu uma inserção mais rápida no mercado de trabalho. Ter um plano claro e bem definido foi fundamental para direcionar meus esforços e recursos de maneira eficaz. Após a conclusão do curso técnico, estabeleci metas estratégicas e desafiadoras, como conquistar o primeiro emprego e entrar na universidade.

Muito prazer, eu sou o mercado de trabalho

O programa de estágio, parte final da minha graduação no Curso Técnico em Telecomunicações, foi a porta de entrada em uma conceituada empresa de radiodifusão. Esse momento marcou minha chegada ao mundo do trabalho e o início de uma jornada de aproximadamente uma década, repleta de desafios, aprendizados significativos, contribuições e trocas valiosas com profissionais experientes, além da minha primeira experiência como líder de pessoas. Essa vivência foi uma base de grande importância para as oportunidades que surgiriam à frente, preparando-me para novos desafios em empresas multinacionais nas áreas de Telecomunicações e TI em São Paulo e Rio de Janeiro.

O frio na barriga do primeiro dia de trabalho, a emoção de conhecer novas pessoas, as novas atividades e a dinâmica de uma empresa são algumas das memórias mais importantes que guardo.

Tanto lá no cenário do meu primeiro contato com o mercado de trabalho, cerca de 30 anos atrás, quanto hoje, há grandes desafios e expectativas em torno desse momento. Buscando pesquisas e estudos recentes, destaco duas perspectivas que merecem um olhar atento:

O mercado de trabalho espera das pessoas:

Habilidades Técnicas

Competências Digitais: inclui habilidades em análise de dados, inteligência artificial e uso de ferramentas digitais avançadas.

Manejo de Dados na Nuvem: a capacidade de gerenciar e analisar dados armazenados na nuvem é altamente valorizada.

Programação e Desenvolvimento de Software: conhecimento em linguagens de programação e desenvolvimento de aplicativos e sistemas.

Cibersegurança: habilidades para proteger sistemas e dados contra ameaças cibernéticas.

Automação e Robótica: conhecimento em tecnologias de automação e robótica para otimizar processos industriais e de serviços.

Habilidades Humanas

Inteligência Emocional: a habilidade de compreender e gerir emoções próprias e alheias, essencial para liderança e colaboração.

Adaptabilidade e Flexibilidade: capacidade de se ajustar rapidamente a novas condições e tecnologias.

Pensamento Crítico e Resolução de Problemas: análise de situações complexas e desenvolvimento de soluções inovadoras.

Comunicação Efetiva: articulação clara de ideias e estratégias em diferentes plataformas.

Trabalho em Equipe e Colaboração: habilidades indispensáveis para a realização de projetos em ambientes diversificados e multidisciplinares.

Fontes: "Futuro do Trabalho: Tendências e Competências para 2024" - Deloitte Brasil / "Mercado de Trabalho e Habilidades do Futuro" - PwC Brasil / "Tendências de Empregabilidade e Competências para o Futuro" - McKinsey & Company Brasil

As pessoas esperam do mercado de trabalho:

"Trabalho significativo em organizações orientadas por propósitos, flexibilidade para equilibrar trabalho e prioridades pessoais, locais de trabalho de apoio que promovam melhor saúde mental, oportunidades para continuar a aprender e crescer em suas carreiras e salários e benefícios competitivos."

(*Fonte: Deloitte Global 2024 Gen Z and Millennial Survey*)

Mensagem do futuro

Sou apaixonada por tecnologia, mas dirijo meus próximos passos para pesquisas e estudos sobre o melhor uso das tecnologias para potencializar pessoas e organizações na utilização dos talentos humanos. Para homenagear as mulheres de hoje e do futuro, criei um conto ficcional sobre Anna, uma personagem de 16 anos em 2024, que sonha em se tornar uma Designer de Educação Personalizada, uma profissão que ainda não existe, mas que inspira o protagonismo de Anna. Convido você a mergulhar nessa viagem ao futuro.

Conto Ficcional

Do Sonho à Transformação:

A Jornada de Anna na Educação Personalizada

Fase 1: A Centelha (2024)

Aos 16 anos, Anna, moradora de Solara, uma cidade planejada, mergulhava em tutoriais de Psicologia e tecnologias educacionais. Seu sonho? Criar programas de educação personalizados que valorizassem os talentos únicos de cada indivíduo e orientassem os caminhos profissionais baseados em escolhas mais assertivas. Determinada, ela se inscreveu em cursos on-line gratuitos de Psicologia, Pedagogia, e tecnologia educacional e buscava em grupos e comunidades de interesses comuns experiências e oportunidades de aprendizado. Os dias eram dedicadas a estudar e colecionar ideias criativas.

Fase 2: Conexões Transformadoras (2025-2030)

Um anúncio na comunidade chamou a atenção de Anna: "Mulheres Conectam: Mentoria para Jovens Cientistas". No grupo, Anna encontrou mulheres inspiradoras que se tornaram suas mentoras, guiando-a pelos desafios da pesquisa e apresentando-lhe novas ferramentas. Através delas, Anna descobriu a "Escola Criativa", um projeto social que oferecia cursos em design instrucional aliados ao uso de IA para personalização de ensino. Aprendeu a criar programas inovadores, utilizando dados sobre perfis de aprendizagem e técnicas de inteligência artificial aplicadas à educação.

Fase 3: Ascensão e Reconhecimento (2031-2045)

A comunidade educacional se tornou o palco das primeiras implementações de Anna. Seus programas personalizados e a mensagem de inclusão conquistaram o público. Aos 23 anos, com a ajuda de uma investidora anjo, já graduada em Design em Tecnologias Educacionais, Anna fundou sua própria empresa de tecnologia educacional, a "DNA EdTech". O sucesso foi impulsionado pelas redes sociais, onde Anna compartilhava sua jornada e inspirava outras jovens. Em 2046, aos 26 anos, Anna recebeu o Prêmio Jovens Talentos Educacionais.

Fase 4: Impulsionando Novas Gerações (2046-2050)

O prêmio foi um divisor de águas. Anna se tornou referência em educação personalizada, palestrando em eventos nacionais e internacionais. Com o apoio de empresas e organizações sociais, fundou o "Instituto AnnA", oferecendo cursos e mentorias para jovens de comunidades carentes, capacitando-os para atuarem na área de educação com uma visão ética e inclusiva.

Fase 5: Rumo ao Futuro (2050)

O futuro se desenhava promissor. Grandes organizações a convidavam para parcerias, buscando incorporar sua abordagem inovadora. Mas Anna tinha um objetivo maior: criar um movimento global que transformasse a educação, tornando-a mais justa e acessível. Sentada *em seu escritório, rodeada por jovens aprendizes, Anna refletia sobre sua trajetória. "Materializar sonhos é uma tarefa árdua, exige dedicação, esforço e preparo, mas, acima de tudo, é preciso acreditar em si, na sua rede de apoio e não desistir nos momentos mais difíceis."*

E, assim, a menina que sonhava em personalizar a educação se tornava a mulher que revolucionava a área, provando que o aprendizado não conhece barreiras sociais ou econômicas. A história de Anna, a menina que iluminou o futuro da educação com os fios da inclusão e da educação personalizada, estava apenas começando.

Tecnologias e ferramentas utilizadas como suporte para a construção do Conto Ficcional: Inteligência Artificial Generativa (Chat GPT-4, Gemini, Copilot, Dall-E).

Este conto pode servir de inspiração para a sua história. Assim como Anna, as mulheres e as pessoas em geral nos dias de hoje podem e devem expandir suas capacidades e oportunidades utilizando os recursos (tecnológicos) disponíveis. A seguir, apresento algumas estratégias que podem apoiar o planejamento de movimentos futuros.

Estratégias de Curto, Médio e Longo Prazo

1. Autodescobertas e Definição de Objetivos

Explore seus interesses e paixões: entenda o que realmente a motiva e quais áreas lhe interessam. Isso ajudará a escolher uma carreira que você realmente goste.

Defina objetivos claros: estabeleça metas de curto, médio e longo prazo. Saber aonde você quer chegar é essencial para traçar o caminho.

2. Educação e Desenvolvimento Contínuo

Invista na educação formal: escolha cursos e instituições de ensino que sejam reconhecidos e que ofereçam uma base moderna, prática e consistente nas áreas de seu interesse.

Aprendizado contínuo: mantenha-se atualizada com as tendências e inovações da sua área. Participe de *workshops*, cursos on-line, fóruns de trocas e debates, e leia livros e artigos relevantes.

Desenvolva habilidades complementares: além das habilidades técnicas, como Inteligência Artificial aplicada a soluções de problemas, invista em habilidades interpessoais, como comunicação, criatividade e inovação, adaptabilidade, pensamento crítico, resolução de problemas, liderança, trabalho em equipe e colaboração.

3. Construção de uma Rede de Conexões

Cultive conexões genuínas: participe de eventos, conferências e grupos de interesse em que você possa conhecer pessoas da sua área.

Mentoria: encontre mentores que possam guiá-lo e oferecer conselhos valiosos. A mentoria pode acelerar seu crescimento e ajudá-lo a evitar erros comuns.

Networking intencional: cultive relacionamentos de forma estratégica, mas genuína. Ofereça ajuda e esteja disposta a trocar e a aprender com os outros.

4. Planejamento Financeiro e Autonomia

Educação financeira: aprenda sobre gestão financeira, investimentos e economia pessoal. Isso é crucial para garantir sua independência financeira.

Economize e invista: desde cedo, crie o hábito de economizar e investir parte do seu dinheiro. Isso proporcionará segurança e permitirá que você aproveite oportunidades futuras.

Diversificação de renda: considere múltiplas fontes de renda, como trabalhos autônomos, investimentos ou pequenos negócios, para garantir estabilidade financeira.

5. Flexibilidade e Resiliência

Adapte-se às mudanças: esteja preparada para se adaptar às mudanças no mercado de trabalho e nas demandas da sua área. A flexibilidade é crucial para se manter relevante.

Resiliência: desenvolva a capacidade de superar desafios e aprender com os erros. A resiliência é fundamental para uma carreira de longo prazo.

Evite armadilhas: fique atenta a promessas de sucesso rápido e fácil. Concentre-se em construir uma carreira sólida e ética.

6. Equilíbrio entre vida pessoal e profissional

Programe-se e busque o melhor equilíbrio entre vida pessoal e profissional, garantindo que cada uma tenha seu espaço e prioridade nos respectivos momentos, sem precisar abrir mão de uma em detrimento da outra, mas conciliando ambas da melhor forma.

Reflexões para hoje

Encerro esta conversa convidando a reflexões sobre o presente transcrevendo dois recortes de publicações relevantes sobre oportunidades para o futuro.

A História da IA: Um Final Feliz?

"Em 2041 vimos a IA abrir a porta de um futuro radiante para a humanidade. A IA criará uma riqueza inimaginável, amplificará nossas capacidades, melhorará a forma como trabalhamos, nos divertimos, nos comunicamos, nos libertará de tarefas rotineiras e nos levará à plenitude. Ao mesmo tempo, a IA trará desafios e perigos: preconceitos, riscos de segurança, deepfakes, *violações de privacidade,*

armas autônomas e substituição de trabalhos. Esses problemas não foram causados pela IA, mas por humanos que a usam de forma maliciosa ou descuidada. Nas dez histórias reunidas aqui, esses problemas foram superados com criatividade, engenhosidade, tenacidade, sabedoria, coragem, compaixão e amor humanos. Não seremos espectadores passivos da história da IA - somos os autores dela. Se acreditarmos que vamos nos tornar uma 'classe inútil', obliteraremos qualquer chance de nos reinventar. Se nos tornarmos complacentes com os presentes da plenitude e pararmos de enriquecer nossas mentes e laços uns com os outros, será o fim da evolução da nossa espécie. Se nos sentirmos desesperançados e nos rendermos conforme a singularidade se aproxima, causaremos o inverno do desespero. Por outro lado, se formos gratos pela libertação do trabalho rotineiro e do medo da fome e da pobreza, se celebrarmos nosso livre-arbítrio e tivermos fé na simbiose entre humanos e IA, poderemos moldar a IA em um complemento perfeito para nos ajudar a 'ir com ousadia onde nenhum homem jamais pisou'. Vamos explorar novos mundos com a IA e, mais importante, explorar a nós mesmos. A IA nos dará uma vida confortável e a sensação de segurança, levando-nos a buscar amor e realização pessoal. A IA reduzirá nosso medo, nossa verdade e nossa ganância, ajudando-nos a nos conectar com necessidades e desejos humanos mais nobres. A IA cuidará de tudo o que for rotineiro, animando-nos a explorar o que nos torna humanos e aquele que deve ser nosso destino. Ao final, a história que escrevemos não é só a história da IA, mas a história de nós mesmos. Na história da IA e dos humanos, se soubermos coadunar a inteligência artificial e a sociedade humana, essa seria a maior conquista da história da humanidade."

> (Fonte: Trecho extraído do livro *2041: Como a inteligência artificial vai mudar sua vida nas próximas décadas*, de Kai-Fu Lee e Chen Qiufan, Globo Livros, 2021).

Aprendendo a aprender

"No ano 2050, o mundo alcançou uma economia global ambientalmente sustentável, proporcionando a quase todas as pessoas as necessidades básicas da vida e, à grande maioria, uma vida cômoda. A estabilidade social resultante criou um mundo de relativa paz, explorando os futuros possíveis para a segunda metade do século XXI. Alguns acreditam que as NT (Tecnologias Próximas) foram a chave desse êxito, outros que o desenvolvimento do potencial humano na economia autorrealizável era mais fundamental... A diferença entre a consciência humana e a IA tornou-se cada vez mais difusa. Nossa interação com a IA é tão complexa que raramente se sabe quem é quem. A civilização está se transformando numa sequência de consciência e tecnologia. Adicionamos nossa racionalidade, conhecimento e experiência à tecnologia aumentada pela IA. Ao mesmo tempo, integramos a tecnologia aumentada pela IA em nossos corpos, pelo que não fica claro onde começa a tecnologia e onde termina nossa consciência. Nossa era tecnológica consciente abre para um futuro muito mais otimista do que podíamos imaginar em épocas anteriores. Então, hoje as duas perguntas-chaves são:

Que tipo de vida você está criando? Você é uma pessoa interessante?"

(Fonte: Trecho extraído do *The Millenium Project: TRABALHO/TECNOLOGIA 2050*. Núcleo de Estudos do Futuro PUC-SP, 2016).

Dedico este capítulo com muito carinho à minha mãe, Antônia, às minhas avós Ana, Maria Rosa, Genilde, às minhas irmãs, Ana Cristina e Ana Claudia, à minha sobrinha, Ana Beatriz, a todas as Anas e a cada mulher que em meio ao seu momento de vida pensa em como trilhar futuros melhores e abrir caminhos. Elas podem e podem muito!

Referências

The Millenium Project: TRABALHO/TECNOLOGIA 2050. Núcleo de Estudos do Futuro PUC-SP, 2016LEE, Kai-Fu. *Inteligência Artificial* - Como os robôs estão mudando o mundo, a forma como amamos, nos relacionamos, trabalhamos e vivemos. Globo Livros, 2019LEE, Kai-Fu, QIUFAN, Chen. *2041*: Como a inteligência artificial vai mudar sua vida nas próximas décadas. Globo Livros, 2021*Mulheres na Educação* - Edição poder de uma história Vol. 1. Editora Leader, 2024CHAMINE, Shirzad. *Inteligência Positiva*. Editora Fontanar, 2012ONU Brasil Objetivos de Desenvolvimento Sustentável Agenda 2020 (Objetivos de Desenvolvimento Sustentável | As Nações Unidas no Brasil)

Pesquisa GEM 2023 (Global Entrepreneurship Monitor)

2024 Gen Z and Millennial Survey: Living and working with purpose in a transforming world (deloitte.com)

Futuro do Trabalho: Tendências e Competências para 2024. Deloitte Brasil

Mercado de Trabalho e Habilidades do Futuro. PwC Brasil

Tendências de Empregabilidade e Competências para o Futuro. McKinsey & Company Brasil

O Labirinto: 5 refexões para ter sucesso em mudanças disruptivas

ANNE ELIZE PUPPI STANISLAWCZUK

Diretora-presidente da NEXT Chemical, indústria nacional na área de materiais voltada para a produção de nanopartículas. Sócia da NEXT GREEN Lab., *startup* na área de química verde. Atuou, ainda, por 15 anos advogando para empresas de tecnologia e telecomunicações. Bacharel em Química (UFPR). Graduada em Direito (PUC/PR). Possui diversas especializações, como MBA em Empreendedorismo Tecnológico (PUC/PR). MBA em Direito Eletrônico (EPD). MBA Setor Elétrico (FGV). Especialização em Nanotecnologia (PUC/PR).

LINKEDIN

Se mudamos o tempo todo, por que é tão difícil mudar?

A minha história profissional envolve uma disrupção. Uma ruptura completa do caminho anteriormente estabelecido, que foi trilhado por longos 21 anos, para outro caminho totalmente novo: eu mudei do Direito para a Química.

A história com os detalhes sobre essa mudança está no capítulo "O Chamado da Montanha", volume 1, desta preciosa série *Mulheres na Tecnologia*. Neste volume, cujo objetivo é uma mentoria, optei por trazer aspectos práticos para uma transição profissional, especialmente as mais radicais, como a minha.

Apesar de o foco ser o âmbito profissional, as reflexões aqui expostas servem para qualquer campo.

A vida profissional muitas vezes se parece com um labirinto, em cujo centro se encontra parte de nosso propósito, como seres humanos e espirituais que somos.

Nossa escolha profissional é uma espécie de chamado interno que logo no início de nossas vidas somos convidados a buscar. Muitos perseguem principalmente dinheiro. Outros querem apenas a segurança de poder refugiar-se em um cargo qualquer. Alguns, ainda, optam por não desenvolver uma atividade profissional. E existem aqueles que buscam, através de seu exercício profissional, uma forma de conexão, felicidade e realização profundas.

Os caminhos percorridos ao longo de nossa vida através do labirinto profissional despertam várias emoções, inclusive, por vezes, a angústia de nos sentirmos perdidos. Todavia, é do encontro sincero com nosso Minotauro interno que surge um novo caminho para transcendermos.

Somente quem já percorreu um labirinto sabe como pode ser desafiador não ter uma guia. Na mitologia grega, Teseu contou com o fio dado por Ariadne para sair do labirinto de Creta. Assim, através de 5 reflexões, e algumas palavras-chave, as quais se repetem propositadamente ao longo do texto, espero poder contribuir com alguma luz, baseada em minhas experiências, a todos que buscam mudar com sucesso seu caminho profissional.

1. Permita-se sonhar

Os nossos sonhos são sementes de potencial puro.

Aristóteles busca explicar o movimento e a mudança das coisas por meio das noções de ação e potência. A mudança é a atualização de uma potencialidade do sujeito. O movimento existe e está dentro do próprio sujeito, mudando sua forma, não sua natureza. Logo, um diamante bruto pode ser lapidado para se transformar numa joia, mas não deixa de ser um mineral.

Todo ser humano, em seu íntimo, conhece as dores de seu ser e as limitações que nos são impostas, sejam internas ou externas. Contudo, realmente precisamos acatar um papel, uma forma, um dever-ser ou podemos ser o que quisermos? É realmente possível dar asas aos nossos sonhos? Como? Antes de tudo é preciso sonhá-los.

Não importa se mudar é ter coragem de sonhar novos sonhos ou ter a audácia de perseguir um sonho antigo. Importa que se trata da sua realização como indivíduo. Sonhar junto é ótimo. Viver sendo mero coadjuvante do sonho alheio é uma triste opção.

O exercício honesto da autoanálise aqui é fundamental, pois revela a direção para o norte verdadeiro de nossas aspirações. A questão primordial é que nossos sonhos precisam estar claros para nós, verdadeiramente cristalinos, pois são eles que indicam o caminho, pautando nossas decisões. Perca a inibição de sonhar.

Quais são seus sonhos? Eles realmente envolvem ter uma carreira profissional de sucesso? Não há problema algum em não almejar perseguir um grande objetivo profissional. O problema está em não ter sonhos.

E se, por vezes o moinho do mundo já triturou seus sonhos, como compôs Cartola, não deixe que a vida adulta impeça você de sonhar novamente. Aproveite a oportunidade para se despedir das ilusões. Lembre-se que, se você visualiza um caminho viável para o seu sonho, ele já começou a se materializar.

Tenha coragem de sonhar quantas vezes mais forem necessárias. No entanto, aprenda a sonhar estreitando sua conexão com a realidade. Exercite-se fazendo telas mentais cada vez mais precisas.

Proposta prática: liste seus sonhos antigos e escreva de forma sincera o que ocorreu com cada um deles. Permita que suas emoções sobre o tema se revelem para você. Tenha atenção a gatilhos emocionais eventualmente liberados. Anote suas reações ao longo dos próximos dias. Depois de processada a primeira etapa, liste seus sonhos atuais e os elenque em categorias de importância. Identifique, da forma mais precisa possível, os meios necessários para realizá-los e as dificuldades.

2. Construir a certeza interior de mudar é um exercício de autoconhecimento e amadurecimento

A segunda questão a ser considerada numa mudança profissional, especialmente a que envolve uma troca disruptiva de carreiras, é o real desejo de mudar.

Muitas vezes ao longo de nossa vida profissional nos deparamos com frustrações que nos fazem pensar em mudar ou até mesmo em desistir. Isto é totalmente normal, posto que a maioria das pessoas enfrentará dificuldades e decepções ao longo de sua vida profissional. Mesmo um trabalho de que gostamos muito pode ser tedioso em alguns momentos.

Entretanto, se identificamos uma constante sensação de falta, de descontentamento, procrastinação e/ou pensamentos aleatórios de fuga - como aquele sonho de vender coco na praia –, então, possivelmente, é hora de reavaliar.

São as dificuldades e decepções enfrentadas razões suficientes para mudar? Trata-se de uma mudança ou de uma fuga?

É preciso saber diferenciar com clareza as ilusões e frustrações passageiras do real desejo de mudar, evitando-se decisões emocionais e precipitadas.

Uma mudança de rumo profissional pode ser o catalisador para a realização profissional. Porém, ela irá demandar muita energia, tempo, investimento financeiro, pensamento estratégico e trará consigo também uma nova carga de desafios e frustrações. Você está preparado para enfrentar as dificuldades de um período de transição?

Ademais, nem sempre uma mudança radical é necessária. Mudanças menores, como trocar de especialidade ou, até mesmo, apenas de local de trabalho, podem ser soluções mais eficientes.

Eu, por exemplo, amadureci a decisão de mudar de carreira por aproximadamente dez anos. Expandi meus conhecimentos em várias outras áreas. Conheci e aprendi com pessoas e casos que considero exemplos de sucesso. Observei muito bem as oportunidades disponíveis ao meu redor. Busquei ouvir minha voz interior e tive fé de que aos 36 anos de idade, com uma carreira já consolidada no Direito, iniciar uma graduação em Química era o caminho que me levaria ao centro do meu labirinto.

Importante dizer que a base de conhecimentos que formei ao longo do meu exercício profissional como advogada me são diariamente úteis. Contudo, por uma série de razões, percebi que meu sonho havia mudado ao longo dos anos e advogar não era mais o meu caminho. Eu havia amadurecido. Mudar era respirar novamente.

> *Proposta prática: descreva suas frustrações, angústias e dificuldades profissionais. Perceba quais são e a frequência de seus pensamentos de fuga. Considere se uma pequena mudança seria suficiente para trazer os resultados almejados. Responda com sinceridade se você tem a certeza interior de que não deseja permanecer na mesma profissão e se está disposto a percorrer um caminho novo, ciente dos possíveis desafios a serem enfrentados.*

3. Encontrando a direção por si mesmo

A decisão de mudar de carreira deve ser interna e não proveniente de pressões externas, porque a chave para nosso propósito está apenas dentro de nós mesmos.

A liberdade transforma o ser humano que tem coragem de fazer uso de seu próprio entendimento sem a direção imposta por outro indivíduo.

É preciso livrar-se dos grilhões da dependência, da culpa e/ou do medo. Uma tarefa bastante árdua, pois estes parecem, por vezes, intrínsecos à natureza humana, mas não o são. A liberdade é a verdadeira condição dos seres humanos.

Mudar com sucesso deve implicar assumir a responsabilidade por este estado de liberdade.

Esteja consciente de que o mundo nem sempre aceitará a sua independência com facilidade. Entretanto, ainda que todos sejam contrários a sua mudança, apenas você conhece a sua verdade. Lembre-se que não necessitamos da aprovação alheia, mas tão somente da nossa. Claro que isso não implica desrespeitar o outro, somente valorar mais a nossa própria visão sobre nossas escolhas.

Tenha força para resistir às tentações que aparecerão para desviar você do centro do labirinto e tenha resiliência para enfrentar seus medos e vícios. Mudar exige coragem e disciplina, assim como viver.

Diante de tantas opções e possibilidades, como encontrar a máxima potencialidade? Buscando incessantemente nossos sonhos, mesmo que isso resulte em supostos erros. Aceite a inevitabilidade do erro e liberte-se para poder cometê-los. Encare eventuais erros como lições, sem se deixar abater.

Novamente, quanto mais alinhados a nossa direção verdadeira, expressa em nossos sonhos e prioridades, mais assertiva será a decisão de mudar.

A mudança, antes de tudo, deve ser um processo de expansão da própria consciência. Mudar somente as circunstâncias externas costuma ser uma felicidade temporária. Existem variadas técnicas que podem auxiliar nesse processo de conexão interna. A ajuda de um bom profissional pode ser muito valiosa nesse ínterim, mesmo porque as sugestões aqui propostas são baseadas em vivências e não oriundas de um profissional habilitado.

Proposta prática: identifique seus medos e dependências. Reconheça seus pontos fortes. Busque transformar sua relação com seus medos e dependências através de seus pontos fortes para atingir segurança interior. Identifique qualidades e habilidades que precisarão ser mais bem desenvolvidas para vencer o labirinto. Responda com honestidade se você tem a disciplina necessária para atingir seus objetivos.

4. Traçando um planejamento estratégico

Uma transição radical de carreira bem-sucedida exige um planejamento estratégico. O inventor da lâmpada, Thomas Edison, disse que "a genialidade é 1% inspiração e 99% transpiração". Logo, não basta tão só a certeza de querer mudar e a coragem para fazê-lo. Sem foco e metas dificilmente haverá o resultado positivo esperado e a tão sonhada mudança pode transformar-se em um novo obstáculo.

Antes de saltar às cegas para o novo, busque conhecer a nova área de atuação desejada. Identifique previamente as oportunidades reais. Faça cursos para se qualificar e desenvolver *networking* com pessoas que atuam no setor desejado. Compreenda as perspectivas da nova carreira.

Quanto melhor você compreender sua nova área de atuação e as oportunidades efetivamente disponíveis para você, maiores as chances de ter sucesso. Uma sugestão para evitar frustrações é cuidar para não acabar fazendo mais do mesmo. Lembre-se que você possui uma boa vantagem numa nova carreira: a bagagem de conhecimentos profissionais oriundos de sua área de origem o ajudará a pensar "fora da caixa". Utilize suas experiências passadas como base para inovar e isso provavelmente trará destaque.

Muitas pessoas falam sobre buscar o oceano azul, ou seja, procurar mercados pouco explorados, ao invés de enfrentar uma concorrência acirrada em mercados já estabelecidos. Eu, por exemplo, compreendi que nas interfaces do conhecimento há muito valor e que são fronteiras geralmente pouco exploradas.

O oceano azul pode ter vantagens competitivas. Todavia, não é determinante, mesmo porque desenvolver uma área pouco explorada é bastante desafiador.

Os fatores práticos, a meu ver, determinantes para se obter sucesso numa mudança são: adquirir conhecimentos sólidos, acadêmicos e práticos, sobre a área ou negócio almejado; visualizar as oportunidades concretas existentes na área, tanto hoje quanto a longo prazo; traçar e executar um planejamento estratégico com metas bem definidas alinhadas a um cronograma; realizar o máximo de *networking* possível.

Considere que o caminho, apesar de trazer felicidade, possivelmente não será pavimentado por flores.

Mudar pode causar um retrocesso financeiro por algum tempo. Então, se possível, tenha uma reserva financeira. Quando pensamos em buscar um propósito de realização profissional, o dinheiro deve sair da causa e ser tratado como consequência. Ele virá ao longo dos anos, conforme sua nova carreira ganha força.

Se sua decisão de mudar for apenas para melhorar rapidamente a parte financeira, uma mudança menos radical, que não envolva começar do zero em outra área, poderia ser mais indicada. Buscar uma atividade de complemento de renda é também uma opção a ser considerada.

A questão financeira deve ser cuidadosamente elaborada. Avaliar os instrumentos de financiamento disponíveis é importante. Realizar um plano de negócios aliado a uma pesquisa de mercado podem ser instrumentos muito bem-vindos, senão essenciais, quando a mudança envolve empreender.

> *Proposta prática: transformar o sonho em objetivos, estabelecendo marcos significativos e metas menores a serem cumpridas dentro de um espaço de tempo. Identificar os obstáculos e as ações necessárias para removê-los. Avaliar a disponibilidade financeira e formas de obter recursos. Começar a realizar* networking *buscando se aproximar de pessoas reconhecidas na área almejada.*

5. Dando tempo ao tempo

Mudar é enfrentar o novo. Abraçar o desconhecido. Construir novas versões de si mesmo. Ter a coragem de se apaixonar pela vida mais uma vez. E ter paciência... Por vezes, muita paciência.

Assim, se a decisão de mudar foi devidamente amadurecida e as oportunidades que surgiram bem aproveitadas, os resultados virão porque você sentirá ter atingido o centro de seu propósito. Confie, porque tudo tem o seu tempo.

Saber direcionar a energia que colocamos num projeto é fundamental. Se por vezes trabalhar 16 horas por dia é necessário, outras vezes é preciso saber esperar pela colheita dos frutos e colocar energia em outros setores relevantes da vida.

Finalmente, porém não menos importante, tempos de mudança podem nos demandar muito e até mesmo levar a problemas de saúde, como um *burnout*. Autocuidado é essencial. Então, saiba aproveitar com calma sua nova jornada. Não é preciso acelerar tudo ao máximo. Aprecie o caminho e as oportunidades que surgirão.

Proposta prática: avalie se considera a quantidade e qualidade do tempo investidos na transição profissional suficientes para o bom andamento da nova etapa. Verifique quais outras áreas da sua vida necessitam de atenção. Faça um check-up. *Cuide-se. Ame-se.*

Pensar e agir Lean:
o poder da construção
de um propósito

CRISTINA C. A. PINNA

Graduada em Engenharia de Eletricidade e mestre em Engenharia de Software e Arquitetura de Sistemas, ambos pela Escola Politécnica da USP; pós-graduada em Administração pela Fundação Vanzolini; com formação executiva em PMD (Program for Management Development) e em Decisões 4.0 (Pessoas no centro da Transformação Digital) pelo ISE/IESE Business School University of Navarra; MBA em Cloud – Engenharia e Arquitetura, cursos de atualização em Cambridge Judge Business School – Disrupção Digital e na FGV – Estratégia Corporativa e de Negócios.

Com 30 anos de atuação no setor de Tecnologia da Informação, trabalhou em diversas empresas de tecnologia do mercado e, atualmente, é diretora de TI do Banco Bradesco, empresa da indústria financeira que carrega inovação em seu DNA.

Mãe do Felipe e da Bruna.

LINKEDIN

A motivação é algo intrínseco ao indivíduo, nasce em você e está relacionada diretamente com o seu propósito de vida. É fundamental você descobrir o seu propósito. Ninguém pode motivá-lo além de você mesmo.

Ao procurar na internet o significado da palavra liderança, encontrei muitas definições: função, posição, caráter de líder, espírito de chefia, autoridade, ascendência, habilidade de motivar, influenciar, inspirar, comandar um grupo de pessoas a fim de atingir objetivos. Não me identifiquei com essas definições... A motivação é intrínseca, não é gerada por alguém...

Perguntei então ao chat GPT e eis a resposta: "Liderança é o processo de influenciar e inspirar outros a trabalharem em direção a objetivos específicos... A liderança pode ocorrer em uma variedade de contextos, incluindo negócios, política, educação, esportes, entre outros.... não se limita apenas aos que ocupam posições formais de autoridade; qualquer pessoa pode demonstrar liderança através de suas ações, comportamentos e influência sobre outros...".

Aprendi e descobri bastante na função da execução diária da liderança, fruto de erros e acertos em busca de ser uma pessoa e profissional melhor. Essa caminhada da liderança é longa e muito prazerosa, quando entendemos que estamos sempre aprendendo... A empresa é um ótimo laboratório para exercitarmos os conceitos aprendidos com pessoas diversas, de que gostamos ou não, e com as quais precisamos conviver. Compartilho aqui alguns desses aprendizados.

> *O líder lidera primeiro a si mesmo, para depois gerenciar times e outras pessoas. O autoconhecimento é fundamental no exercício da liderança.*

Um dia você acorda e é líder de várias pessoas. Mais do que um cargo, um papel muito importante. O que você diz tem muita relevância, a comunicação tem que ser usada com muito cuidado, as pessoas seguem...

Não me lembro exatamente quando me tornei líder. Lembro-me do dia em que me tornei gerente de um projeto importante para um cliente da indústria financeira. Trabalhava em uma empresa de TI e estava com a missão de entregar uma Metodologia de Desenvolvimento de Software junto com um pequeno time. Distribuía as tarefas para o time, cuidava das entregas, do cronograma e das interações com o cliente. Precisava entender com perfeição qual era a necessidade do cliente e o objetivo do projeto, para garantir a qualidade das entregas.

Acho que me tornei líder bem antes disso, líder da minha própria vida... O falecimento precoce da minha mãe quando eu ainda estava no segundo ano da faculdade me transformou completamente. Eu precisava liderar dali para frente minha própria vida, decidir meu rumo, fazer minhas próprias escolhas e seguir em frente...

Líder é a referência, a inspiração, reacende o propósito de ser e de existir... Tivemos e teremos ainda muitos líderes em nossas vidas: pai, mãe, avós, filhos, professores, amigos, autores de livros, atletas, chefes.... Aprendemos um pouco com cada um deles, o que nos faz ser a melhor pessoa que somos hoje e o que seremos no futuro. Nossos líderes se manifestam e vivem em cada um de nós de diversas maneiras, carregamos partes deles na forma de pensar, nas ações e nas palavras...

Falar sobre liderança é enveredar na profundeza humana. Os princípios são simples e lógicos, porém somente a prática nos permite evoluir... E, quanto mais simples e humanas as coisas parecem, mais difíceis e profundas.... Mas o que relato aqui é fruto de uma crença na liderança diária que exerço com meu time e com as pessoas que me cercam, oportunidade ímpar de trocar e aprender todos os dias com elas. Que privilégio!

O que você precisa saber?

1. Antes de tudo, você é líder de você mesmo: para liderar e influenciar outras pessoas você primeiro precisa se conhecer, saber quais as suas fortalezas e seus pontos fracos e, com base nisso, liderar a si mesmo, através do autocontrole sobre seus comportamentos. Por exemplo, se o equilíbrio emocional é um ponto fraco e você fica ansioso e nervoso em uma situação de pressão, você precisa identificar o gatilho que o coloca nessa situação e, a partir da identificação, se controlar e não permitir que comportamentos indesejáveis se manifestem (por exemplo, agressão, tons de voz exacerbados). Esse é um exercício diário, e importante para que você se observe e mantenha-se em equilíbrio. Só assim você pode, depois, ser líder de outros.

2. Você não é melhor do que ninguém: o líder constitui uma função dentro do time e é parte dele. Diferentemente de uma situação de comando e controle, o líder genuíno não é melhor do que ninguém e sua existência é em função da necessidade de organização do grupo. O líder precisa existir por causa do *spam-of-control* (o presidente da empresa não conseguirá falar individualmente com todos os funcionários), tem a missão de interagir com o cliente, acompanhar as atividades do time, direcionar, entre outras atividades. Ou seja, o líder desempenha um papel dentro do time, assim como outros membros.

3. A liderança é solitária: quanto mais você subir no *pipeline* de liderança, mais solitário você será. Tem muitas informações e decisões que você não poderá compartilhar com seu time, seus pares, familiares ou amigos. Um exemplo: um CEO que pensa em uma reestruturação estratégica na empresa muitas vezes tem que tomar a decisão (quase) sozinho. Importante ter pessoas de confiança, fora dos círculos de trabalho e família, com quem você possa compartilhar seus medos, incertezas e decisões, como conselheiros, consultores, *coaches* e até psicólogos.

4. Atrás de um crachá sempre tem uma pessoa: lembre-se que, antes de serem funcionários, existem seres humanos atrás dos crachás. Essas pessoas têm medos, anseios e necessidades, assim como você, e enxergar a pessoa ajuda a entender como lidar com os sentimentos e dificuldades que irão surgir.

5. O líder não precisa saber nem ganhar mais do que seus liderados: um erro comum é o líder achar que deve saber mais que seu time, sobre aspectos técnicos principalmente. Quanto melhor for o time, melhor para o líder. Eu sempre gostei de trabalhar com pessoas melhores do que eu, com as quais aprendo todos os dias e que me impulsionam para cima. Me fazem também buscar mais conhecimentos e competências. Se são melhores, podem e devem ganhar mais do que o líder.

O que você precisa fazer?

1. Conhecer as pessoas, suas necessidades e ambições: o maior desafio de um líder é conciliar as necessidades e ambições das pessoas com as necessidades da empresa. Quando isso acontece, as pessoas trabalham motivadas, engajadas e produtivas. Porém nem sempre garantir esse *match* é possível e, nesse caso, o líder precisa elaborar um plano para tratar a situação.

2. Respeitar a história de cada um, existem muitas realidades diferentes da sua: as pessoas têm conhecimentos, vivências, experiências e necessidades diferentes da sua e é muito comum o líder julgar comportamentos e atitudes com base na sua realidade. O desafio do líder aqui é não julgar as pessoas e considerar sempre a perspectiva do liderado.

3. Estudar todos os dias, a respeito de tudo: o líder vai encontrar no seu dia a dia pessoas com características e necessidades diferentes. Por isso, quanto mais ele estiver conectado em diferentes aspectos de *hard* e *soft skills*, melhor. Estudar sobre assuntos diversos pode ajudar você a entender melhor os seus medos, anseios e problemas e também de seus liderados e, com isso, saber como ajudá-los em qualquer dimensão da vida. Um bom conselho, uma orientação, apenas um simples ouvir atentamente tem um resultado imenso.

4. Saber ouvir: escutar genuinamente sem julgar ou sem preconcepções é um dom. Em geral, as pessoas ouvem na medida que querem ou precisam dar uma resposta rápida. Escutar ativamente (diferente de ouvir), refletir, levar em consideração ideias de outros, mudar de opinião em função de novas perspectivas é algo bastante difícil de fazer, mas pode ser conquistado por líderes legítimos.

5. Aprofundar e praticar *soft skills*: algumas competências socioemocionais são vitais nos dias de hoje e devem ser praticadas tanto pelos líderes como pelos liderados. Resiliência, dedicação, persistência e organização, para mim, são as competências principais do profissional atual e do futuro e que trazem diferenciais.

Como evoluir em liderança?

1. Seja protagonista: algo muito comentado hoje, mas difícil de se fazer. Está relacionado com sentir e agir como o dono de determinada situação, o dono da empresa. Lembro-me bem da época em que comecei o processo de, ao passar pela catraca da empresa em que trabalho, todos os dias dizer a mim mesma: "Eu sou a dona desta empresa, preciso pensar e agir assim". E isso norteia todas as minhas decisões e ações diárias.

2. Aprimorar a comunicação: a comunicação é o manifesto do pensamento e tem muito poder e impacto nas pessoas, seja positivo ou negativo. Uma comunicação bem feita pode engajar, direcionar, estabelecer o propósito. É o instrumento essencial de todo líder, por isso precisa ser cuidada. Faça treinamentos específicos, pratique, analise seu tom de voz e a forma como se comunica com as pessoas. A comunicação é sua principal ferramenta de trabalho, peça *feedbacks*.

3. Tornando-se líder de líderes: liderar outros líderes é um desafio ainda maior, pois você estará mais distante da base, onde de fato as coisas acontecem. Você precisa estar cercado dos melhores, para que eles possam engajar e direcionar seus times como você precisa e gostaria. Tenha pessoas de confiança e que você acredita que são melhores que você, que escutem e trabalhem para o time e não para você. Desenvolver líderes envolve dar autonomia, desafiar e monitorar, aprender todos os dias e transformar isso em ações concretas.

4. Saber lidar com incertezas: situações de incerteza nos casos de mudanças organizacionais e surgimento de novas tecnologias, por exemplo, bem como situações de pressão, impactam a maioria das pessoas, que não conseguem passar com tranquilidade por essas situações. E é bem nesses momentos que precisamos de nossos líderes para nos dar a referência e os caminhos. É nos momentos de crise que conseguimos distinguir com clareza quem são realmente bons líderes.

5. Compartilhar o que você sabe: você precisa compartilhar tudo o que aprendeu, como sonhos, ideais, comportamentos, conhecimentos e sua própria sabedoria, falando e vivendo esses princípios. É um exercício quase de altruísmo, em que você precisa formar outros. Precisa também pensar no coletivo, na empresa e no seu propósito e não em sua função individual ou na sua "caixinha" no organograma da empresa.

A função do líder para um time é temporária e ele precisa deixar um legado, que são os princípios, valores e ensinamentos. Pense em qual legado quer deixar para seu time e trabalhe na direção de como gostaria de ser lembrado.

A liderança Lean

A liderança Lean é uma abordagem de gestão que se baseia nos princípios da Manufatura Lean, criados pelo sistema de produção enxuta da Toyota, cuja filosofia é eliminar desperdícios e maximizar a eficiência, com foco na entrega de valor ao cliente. As características do líder Lean envolvem: humildade (para que possa reconhecer seus erros e problemas e enxergar a possibilidade de aprendizado a partir deles), paixão pelo aprendizado, jogo em equipe, orientação por evidências e dados, compromisso com os liderados e com o negócio e alta dose de inteligência emocional.

Voltei novamente ao chat GPT, perguntando o que seria o líder Lean. Ele me respondeu: "Os líderes Lean são conhecidos por sua ênfase na eliminação de desperdícios, no empoderamento dos funcionários, para identificar e resolver problemas, na melhoria contínua dos processos e na criação de uma cultura de aprendizado e inovação. Eles também priorizam a satisfação do cliente e a entrega de valor de maneira eficiente e eficaz...".

Apesar de ter realizado diversos cursos e estudar bastante sobre liderança, comunicação, negociação e outros *soft skills* importantes, quando tomei contato com os princípios da liderança Lean, "Eureka!". Era isso que eu sentia, acreditava, praticava em partes e não sabia. Eu logo identifiquei um *match* entre a liderança Lean e o que eu acreditava e praticava como líder de maneira empírica. "É isso que faço e no que acredito."

Alguns dos princípios fundamentais em que acredito e busco aplicar:

1. Dar autonomia: fácil de falar e difícil de fazer, o líder Lean precisa dar autonomia a seu time, o que significa tolerar erros, aceitar riscos e diminuir a hierarquia. Isso não significa que o time não é de alta performance, muito pelo contrário, exige ainda mais do time, que precisa tomar decisões e arcar com suas consequências. O líder precisa trabalhar com pessoas melhores que eles, tanto do ponto de vista técnico como comportamental. Isso vai permitir que ele aprenda sempre com seu time, além de o projetar a alçar voos ainda mais altos.

2. Desafiar: o líder precisa saber como estimular o time a pensar diferente, ensiná-lo a entender as causas raízes dos problemas através do mecanismo de fazer perguntas, permitindo ao liderado aprender a refletir. É dar o propósito e o objetivo de determinada iniciativa ou projeto, para que o time dê o seu melhor para entregar. Algumas vezes ao contar em detalhes para meu time qual o real impacto e necessidade de determinado projeto para o cliente e como mudaria sua vida, vi pessoas se desdobrarem e fazerem algo verdadeiramente mágico para entregar, com um engajamento sem precedentes. Desafiar é fazer perguntas sem a necessidade de ter as respostas, apenas para gerar processo reflexivo...

3. Desenvolver: está ligado a pensar como podemos melhorar todos os dias, aprender uns com os outros, sair melhor do que entramos em cada situação que enfrentamos, estar junto com as pessoas para aprender, é fazer junto...

4. Ir até as bases: ver e ouvir as pessoas é a melhor forma de conhecer exatamente o que está acontecendo, quais os problemas, dificuldades e necessidades sobre o que precisa ser melhorado. É um exercício importante que o líder precisa fazer, ao invés de ficar em sua sala ou mesa isolado, andar pela empresa, conhecer e falar com as pessoas, todas elas.

5. Transparência: o líder precisa ser transparente, comunicar com verdade sobre o que ele sabe, o que não sabe e o que não pode ser dito. Quando o time percebe que o líder é verdadeiro e transparente, cria uma relação de confiança muito importante, que se alavanca nos resultados.

6. Criar ambiente de segurança psicológica: o líder, assim como qualquer pessoa, é vulnerável, pois tem medos, anseios e comete erros. Quando ele apresenta suas vulnerabilidades, estabelece um ambiente em que o time entende que se está falando de pessoas (que são imperfeitas) e este fica confortável em abrir e compartilhar suas vulnerabilidades também, permitindo que o líder o ajude a resolver os problemas. As soluções são discutidas abertamente, o clima melhora e as pessoas se engajam.

Tais atributos fazem com que líder e time se fortaleçam, se tornem de alta performance e busquem a melhoria contínua. Os resultados aparecem mais facilmente, as pessoas ficam mais satisfeitas e engajadas, o clima organizacional melhora, o coletivo se fortalece e quem olha de fora não entende como isso pode acontecer em um ambiente corporativo. Sim, você pode e deve ter muito prazer e alegria trabalhando duro !!! Isso resulta também em melhores resultados, com foco no cliente e antecipação das entregas de valor.

E o que tudo isso tem a ver com TI? Para mim, tudo. O mundo na Tecnologia é cheio de pressão, intenso, em que não se pode falhar. A forma como as pessoas se relacionam e confiam umas nas outras tornam o ambiente mais leve e agradável, onde as pessoas querem estar e trabalhar, para juntas construírem algo em que realmente acreditam. As pessoas precisam ter vontade de estarem juntas para construírem algo grandioso e que faça sentido para elas e para o cliente, um propósito importante e que a faça levantar da cama todos os dias com vontade de realizá-lo. O líder tem um papel essencial para isso.

Acima de tudo, ser líder é ser e agir como ser humano. O líder não tem noção da quantidade de vidas e famílias que ele impacta... Positiva e negativamente. Vamos trazer impacto positivo aos nossos liderados, aos que nos cercam e aos nossos clientes !!!

Liderar é fazer algo mágico acontecer na vida das pessoas, através de um propósito que faça sentido se levantar com energia da cama todos os dias, para construí-lo. É agir como humano e impactar positivamente a vida das pessoas.

A importância do autoconhecimento

ERICA ZEIDAN

CCO (Chief Customer Officer) na ACT DIGITAL, é pós-graduada em Gestão Estratégica e Econômica de Negócios pela FGV. Com uma carreira de mais de 20 anos na área comercial de tecnologia, tem paixão por vendas e tecnologia. Seu compromisso é com a excelência no relacionamento com os clientes, a construção de relações de confiança e o desenvolvimento e mentoria de equipes. Atualmente, lidera o planejamento estratégico e a organização da área de vendas, reportando diretamente ao *board* da empresa. Além disso, é voluntária, incentivadora de projetos sociais e mediadora de um *podcast* voltado a inspirar mulheres no mercado da tecnologia, com o intuito de transformar pessoas e impactar organizações.

LINKEDIN

Há exatamente 12 anos tive meu primeiro *feedback* bem duro e crítico, e pra mim foi um choque, pois nunca tinha parado para pensar de tal forma. Naquele momento eu me questionava o motivo pelo qual almejava uma nova posição e a oportunidade não me era dada, a cada nova reestruturação na empresa eu esperava, uma vez que eu já tinha quase dez anos de experiência dedicados à área de vendas, cinco naquela empresa, e com resultados sempre acima da meta. Via meus pares alcançando esse objetivo e eu não, mesmo sendo o destaque por diversas vezes, mas naquele momento não entendia que não estava pronta e quando meu diretor saiu, eu simplesmente decidi perguntar diretamente ao vice-presidente da área o que me faltava para a tão almejada posição. Logo veio a resposta como um balde de água fria, mas ao mesmo tempo a jornada se tornava clara de qual seria o caminho para esse desafio, o duro *feedback*: "Essa posição não é somente para quem se destaca, mas sim sobre pessoas e resultados, não somente resultados, pois metas sei que você sempre atingirá e fará melhor, superará, pois conheço a sua dedicação, mas você precisa se dedicar o mesmo ou mais para desenvolver a liderança, olhar para seu time, desenvolver pessoas e enxergar no outro o que tem de melhor a oferecer, assim dando oportunidade e formando sucessores e outros destaques para sua posição, aí sim você alcançará a tão sonhada diretoria, ter o seu time e uma unidade de negócios".

Sempre fui curiosa e quis saber o porquê das coisas, sempre questionei se existiam outras formas de fazer, aberta a opiniões, mudanças e novas estratégias; dedicada ao extremo, não media esforços para atingir meus resultados.

Ali foi o momento então que pensei, e perguntei como faria isso, por onde poderia começar e o vice-presidente me indicou então procurar um *coach* e um mentor.

Eu era o tipo de pessoa que não acreditava em psicólogos, achava perda de tempo ficar contando sobre a minha vida a alguém, afinal um estranho dando palpites na minha vida *(sic)*, achava coach algo muito *fluffy* (risos), certamente eu tinha preconceitos e não sabia nada sobre, pura ignorância, e ainda por cima com um agravante, uma vida financeira extremamente desordenada e endividada, mas decidi vencer essa opinião formada e buscar uma forma de evoluir em todos os sentidos, pessoal, de crenças, refletir sobre meus objetivos, propósitos e valores, mudar minha forma de agir e principalmente buscar como medir, enxergar e demonstrar essas mudanças.

Definitivamente comecei a minha jornada de autoconhecimento, comecei meu processo de *coach*, em seguida terapias, depois mentorias, cursos de liderança, gestão de pessoas, PNL, como falar em público, cursos técnicos e então não parei de buscar conhecimento, estudar e me conectar com esse processo.

Hoje claramente vejo o que mudou a minha vida, minha forma de agir e pensar: foi o processo de *coach* e a mentoria.

Pra mim tudo era oito ou oitenta, e isso atrapalhava todas as minhas qualidades, eu não entendia porque não era uma pessoa querida e achava que a única coisa que atrapalhava isso era o fato de o destaque incomodar, pois poucas pessoas festejam o sucesso do outro, mas apesar de competitiva eu sempre vibrei por quem se destacava quando não era eu.

Uma pausa pra falar sobre este ponto, sempre fui uma pessoa alegre, divertida, expansiva, me relacionava muito fácil, adorava ajudar quem precisasse, muitas vezes deixava de fazer o meu para fazer o de alguém, tirava de mim pra dar pra alguém, não tinha apego a clientes específicos, muitas vezes trocaram minha carteira de clientes quando estava bem por uma carteira cheia de problemas a resolver e eu nunca questionei isso, mas me incomodava quando as pessoas se afastavam. Somente depois de todo esse processo eu fui entender o quanto esse *feedback* foi verdadeiro e como eu era, afinal, quando recebia essa carteira cheia de problemas para resolvê-los não me importava em fazer as correções sem precisar expor quem cometeu os erros, e ali estava o meu maior erro, não olhar para pessoas e somente para números, números, números e não entender que com pessoas os números são consequência e o esforço único é muito menor.

O caminho

Dali em diante, para enfrentar esse desafio, conheci três mulheres maravilhosas que me mentoraram, orientaram e inspiraram e não posso deixar de citá-las.

Vilma Guilherme, uma pessoa incrível, fina, educada e minha primeira *coach* e mentora, a quem agradeço imensamente e é a principal responsável pela mudança, não só na minha carreira, mas na minha forma de ver a vida, ela acreditou no meu processo e, principalmente quando eu não tinha condições financeiras para tal, não deixou de fazer todo o trabalho e acompanhamento profissionalmente, ao longo de três anos.

Iniciamos por definir e mapear objetivos, desafios, dificuldades, dentre todas as ferramentas, responder o diário, eram três perguntas simples, mas tão difíceis de responder, elas ajudaram a abrir a mente pro novo, ver valor no processo psicológico, e a importância das ações, consegui elaborar meu plano, e a cada encontro discutir as ações, e ver a evolução. Após um ano a necessidade de sessões de análise, pois muitos pontos sobre relações teriam sentido com minhas formações iniciais e questionamentos que ainda tinha sobre a vida, injustiças, falsidades e entender o certo e o errado.

A outra, é Cinthia Menegazzo, uma mulher alegre, divertida e a energia em pessoa, que faz tudo parecer fácil da forma como ensina, a responsável pela jornada sobre liderança, pessoas, e relações. Começamos pelo meu MBTI (um instrumento utilizado para identificar características e preferências pessoais), e lá se reforça meu perfil ESTJ:

Tipo de personalidade: ESTJ

Onde você concentra sua atenção	**Extroversão** — E — Preferência para assimilar energia do mundo exterior das pessoas, atividades e coisas	**Introversão** — I — Preferência para assimilar energia do mundo interior das idéias, emoções e impressões da própria pessoa
A forma como capta informações	**Sensação** — S — Preferência para captar informações através dos cinco sentidos e observar o que é real	**Intuição** — N — Preferência por captar informações através do "sexto sentido" e observar o que poderia ser
A forma de tomar decisões	**Pensamento** — T — Preferência por informações organizadas e estruturadas para decidir de forma lógica e objetiva	**Sentimento** — F — Preferência por informações organizadas e estruturadas para decidir de forma pessoal, baseada em valores
Como você lida com o mundo exterior	**Julgamento** — J — Preferência por ter uma vida planejada e organizada	**Percepção** — P — Preferência por ter uma vida espontânea e flexível

Aparecia então o perfil de gostar de trabalhar com outras pessoas, que eu realmente gostava, mas não sabia: alto perfil pra liderança, e eu me questionava aonde eu errava que não conseguia pôr em prática. Começamos o planejamento, Curso de Liderança, Liderança Master, e Mentoria.

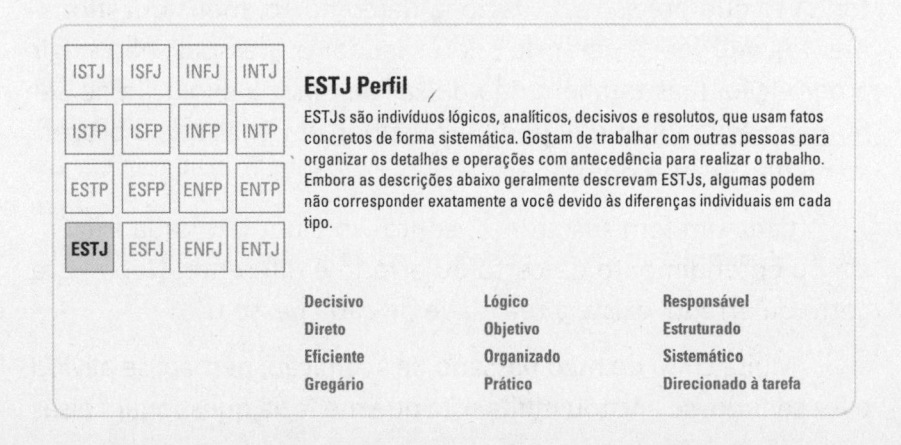

ISTJ	ISFJ	INFJ	INTJ
ISTP	ISFP	INFP	INTP
ESTP	ESFP	ENFP	ENTP
ESTJ	ESFJ	ENFJ	ENTJ

ESTJ Perfil

ESTJs são indivíduos lógicos, analíticos, decisivos e resolutos, que usam fatos concretos de forma sistemática. Gostam de trabalhar com outras pessoas para organizar os detalhes e operações com antecedência para realizar o trabalho. Embora as descrições abaixo geralmente descrevam ESTJs, algumas podem não corresponder exatamente a você devido às diferenças individuais em cada tipo.

Decisivo	Lógico	Responsável
Direto	Objetivo	Estruturado
Eficiente	Organizado	Sistemático
Gregário	Prático	Direcionado à tarefa

Seu foco de atenção	Extroversão (E)	◀◀ ou ▶▶	Introversão (I)
Sua maneira de processar informações	Sensação (S)	◀◀ ou ▶▶	Intuição (N)
Sua maneira de tomar decisões	Pensamento (T)	◀◀ ou ▶▶	Sentimento (F)
Como você lida com o mundo exterior	Julgamento (J)	◀◀ ou ▶▶	Percepção (P)

E eu ia me apaixonando pelo processo, o resultado, as ferramentas, as pessoas, a diferença no meu dia a dia, nas minhas relações. Ainda fui fazer mais dois cursos de mentoria, para poder ajudar outras pessoas como eu fui ajudada.

Comecei então a colocar o aprendizado da mentoria em prática, desenvolver pessoas, meu próprio time, e voluntariado em projetos com outras pessoas, projetos específicos para mulheres em tecnologia, ONGs para formação de jovens e até algumas amigas.

E então a oportunidade tão esperada aconteceu: dirigir uma regional, e vocês acham que o processo acabou? Outros desafios apareceram, lidar com outros sentimentos, emoções, a vida de outras pessoas.

E Claudia Ramalho, entra então a terceira mulher que suporta esse processo até hoje, na vida pessoal e profissional, minha psicanalista.

Anos de terapia, me rendi e me encantei pela psicanálise, e hoje sou quase uma *influencer* do tema (risos), são discussões toda vez que preciso sair da zona de conforto, meus questionamentos. Aprendi a parar de querer mudar as pessoas, não exigir a perfeição, mas também não deixar de olhar a evolução do ser humano e acreditar que pode ser melhor sim, mas que o processo muitas vezes é doloroso.

Cada um tem sua crença, educação e por isso cada exigência ou entendimento de certo ou errado é diferente. Não existe certo ou errado, existe a realidade de cada pessoa!!

Muita coisa do meu passado de aceitação, perdão, se aliviou e fez sentido, se ajustou muita rota que me fazia questionar coisas que não mudariam ou não valiam o dispêndio de energia, entender que os caminhos são escolhas e você não pode escolher o caminho pelo outro. Aceitar a figura paterna ausente, os problemas com drogas dele, a pessoa grosseira que ele era, as palavras pesadas que usava, a não participação na minha vida, os poucos aniversários em que ele estava. Lembro-me até hoje, quando já adulta e após perdoar tudo isso em uma conversa das várias vezes que me ligava para pedir dinheiro ou se queixar da vida sem nem perguntar se estava bem, que ele dizia que se arrependia do que fez, e queria participar mais da minha vida, como se eu tivesse proibido, perguntei o quanto me conhecia, onde ou com o que eu trabalhava, onde eu morava, se era casada, em que era formada, quantas faculdades tinha feito e a resposta foi simplesmente: "Hummmm, umas três faculdades?", como um chute pra não dizer "não sei, mas me conte!!! Engraçado e triste, mas é sobre isso, antigamente eu sofreria, brigaria, questionaria, hoje eu simplesmente aceito que ele é assim, atendo, converso, escuto, mas não gasto mais minha energia para mudá-lo, aprendi a dizer não, me priorizar e não sofrer.

Essa será uma história a ser contada na edição poder de uma história.

E existe uma pessoa a ser citada, outra mulher e a mais importante de todas, Fatima Geraldo, minha mãe, minha primeira inspiração, meu orgulho, quem me acompanhou desde o início e não me deixou desistir, muitas vezes foi o motivo para eu buscar novos desafios, ir atrás dos meus sonhos.

Quem muitas vezes parecia dura ao dizer: "Você vai, sim, você não queria trabalhar em São Paulo?, então acorda, toma um banho e vai", quando me sentia cansada da jornada de viajar de Campinas para são Paulo todos os dias, e muito mais, me ouvir me acolher. Te amo, mãe.

Quero dizer que não existe um caminho mágico, mas existem pessoas que mentoram, orientam, ensinam e suportam todo esse processo. Aceitar e buscar essa mentoria é muito importante.

Uma nova paixão

Esteja aberta às pessoas, às conexões, sem filtro.

Após muito estudo e desenvolvimento próprio, decidi me dedicar a desenvolver, empoderar e encorajar outras pessoas, inclusive outras mulheres. Parte dessa história começa com todo o desafio de, em meio a um mercado supermasculinizado, achar seu espaço, ter coragem, não se comparar e enfrentar e defender seus valores e pontos de vista.

Iniciei a mentoria com meu próprio time, como voluntária em projetos sociais e com amigas(os) que queriam entrar na área de tecnologia, vendas, ou estavam na área e buscavam mais conhecimento. Comecei esse processo e me encontrei nele, pois poder ver o resultado de outras pessoas, o desenvolvimento, a felicidade e poder encorajar, dar voz ativa e perceber que você pode contribuir para a evolução do outro me apaixonou.

Muita coisa passou a fazer sentido, e em meio a essa transformação veio a maternidade e outras coisas ficaram mais claras, por exemplo, aprender a respeitar o tempo do outro, entender que cada um sente de forma diferente e, então, percebi que eu tinha encontrado o meu propósito. Muitas vezes eu me sentia estranha por não ter um propósito de vida, e às vezes você o encontra somente depois de uma longa trajetória. Para mim, a vida é sobre isso.

Isadora Camargo, formada em Administração pela Facamp e atual diretora na minha unidade de negócios, há 15 anos trabalhando juntas, foi minha primeira mentorada. Iniciou como estagiária e, desde então, aprendemos muito juntas, como mentora e mentorada, principalmente no processo de vendas. Isadora era uma pessoa com excelentes *soft skills*: determinada, dedicada, interessada, inteligente, comunicativa, e com um espírito empreendedor claro. Faltavam-lhe conhecimentos técnicos de negociação e processo de vendas. Inicialmente, tivemos os desafios de desenvolvimento na área de vendas e conhecimentos básicos de tecnologia. Ao longo da carreira, após me desenvolver como líder, a mentoria foi dedicada a desenvolver a liderança. Atualmente, ela comanda um time de cinco executivas, com 12 clientes de grande porte, de diversos países, sendo destaque nos resultados da unidade.

Somos totalmente diferentes, mas temos uma sinergia incrível por conhecer e respeitar o perfil uma da outra. Isa é uma líder incrível. Lembro-me quando ela comentou que o que queria e precisava era desenvolver a liderança. Esse foi o seu menor desafio em toda sua carreira, pois já tinha esse perfil. Precisava mais acreditar no seu potencial do que desenvolvê-lo. Hoje, ela é uma profissional excepcional, inspiração para outras mulheres, querida por todos. Tenho um orgulho imenso da profissional que se tornou, e poder fazer parte de um pedacinho dessa história é grandioso para mim. Admiro muito sua trajetória.

"Tive o prazer de acompanhar grande parte da trajetória profissional da Erica, e digo com convicção que tenho muito orgulho da profissional que ela se tornou. Comecei trabalhando como estagiária, auxiliando nos clientes de sua carteira, e logo desde o início foi nítido para mim o potencial comercial que ela tinha para me ensinar. Desde então, apesar de ter saído de sua gestão algumas vezes, acompanho a evolução da Erica nos conhecimentos técnicos e na gestão de pessoas. Sempre aproveitei muito nossa proximidade e o interesse genuíno dela em desenvolver pessoas para absorver e aprender o máximo possível e me espelhar em sua trajetória para conquistar o mesmo sucesso. As poucas vezes que fiquei fora de sua gestão foram esclarecedoras para eu entender o que buscava para meu desenvolvimento profissional. A transparência na gestão, a tranquilidade que temos tendo Erica como líder por saber que sempre existe seu apoio, seja na condução das negociações, nas reuniões estratégicas, no desenvolvimento da solução para o cliente, como também na forma de nos desenvolver quando erramos, focando na resolução dos problemas e levando o aprendizado para as próximas oportunidades, são pontos que me fazem continuar querendo trabalhar sob sua gestão há 15 anos, com sua mentoria constante. Me inspiro muito em suas características de desenvolvimento de negociação, como a facilidade de adaptação do discurso de acordo com os desafios de negócios dos clientes, a velocidade que absorve conhecimento e aplica na prática, na manutenção do relacionamento com clientes de longa data e novos. Erica é o tipo de líder que você não precisa pedir por reconhecimento, ela está sempre um passo à frente, já planejando e organizando o desenvolvimento e reconhecimento do seu time. Uma verdadeira referência na gestão de pessoas e comercial."

Isadora Camargo

Outra mentorada foi Mirella Andrade, nos conhecemos em meio a mudanças de estrutura quando mudei de empresa. Recém-chegada, conhecendo as pessoas e atuando em um novo segmento de mercado no qual eu não tinha atuado antes, conheci então a Mirela, que estava em outra estrutura onde a gestão não estava tão definida. Nesse momento, ela buscava inspirações e apoio. Começamos um trabalho de mentoria para a evolução dos conhecimentos em tecnologia. Ela era uma gerente de negócios na época, com baixa autonomia e falta de apoio por conta das diversas mudanças de gestão, mas com muita vontade de aprender, ambição, facilidade de relacionamento e excelente comunicação. Tinha ótimos conhecimentos da área de vendas e negociação, um excelente perfil, com alto potencial de grandes resultados, uma pessoa excepcional, com ótimos *soft skills*. Trabalhamos em desenvolver a autoconfiança, elaborar as etapas de vendas e os conhecimentos mais técnicos das ofertas de tecnologia, olhando para a área de dados, *cloud*, entre outras, para ampliar seus resultados com foco em *cross-sell* e *up-sell*, expandir sua bagagem de negociação para oportunidades mais elaboradas, além de conhecer novos segmentos de mercado.

> "Conhecer a Erica foi um ponto de virada na minha carreira, ela tem uma maneira única de liderar e inspirar. Ela não apenas compartilhou seu conhecimento como também me ensinou a enxergar desafios como oportunidades de crescimento. Em vez de oferecer soluções prontas, ela sempre me encorajou a explorar minhas próprias ideias e encontrar novos caminhos. Isso fortaleceu minha confiança e minha capacidade de tomar decisões mais estratégicas. Ela me mostrou que mulheres têm um papel essencial no mundo digital.
>
> Hoje, aplico os valores e aprendizados que recebi todos os dias. Sou profundamente grata por sua mentoria e por ter tido a oportunidade de aprender com uma líder tão inspiradora."
>
> *Mirella Andrade*

Espero contribuir compartilhando um pouco da minha experiência e como a mentoria fez diferença na minha carreira e como repassei esse conhecimento para ajudar outras pessoas a desenvolverem suas carreiras. Lembrando que não existe certo ou errado, o céu nasceu para todos; que pessoas se complementam, que a comunicação é a chave para muitas portas, mas que tudo começa com o primeiro passo, e buscar uma mentoria ajuda a clarear essa caminhada.

Inovação e eficiência: como a tecnologia revoluciona a área de compras

JÉSSICA MELLO

Coordenadora de Ferramentas e Sistemas de Suprimentos na Raízen. Pós-graduada em gestão de compras e suprimentos pela Universidade Cândido Mendes. Atua há 12 anos em Gestão de Contratos e Suprimentos, sempre à frente de contratações de Tecnologia. Atualmente encabeça um dos maiores projetos de sistemas de suprimentos na Raízen, onde responde sobre todos os indicadores do projeto que possui três diferentes áreas a fim de reparar os principais sistemas utilizados pelo *front*, tanto com correções como também com melhorias sistêmicas. Em sua coordenação, também é responsável por outras duas frentes: cadastro de materiais e serviços e sustentação dos sistemas de suprimentos.

LINKEDIN

Desde criança sempre soube que eu podia mais. Cresci no coração do Rio de Janeiro, cercada por desafios que para muitos pareciam intransponíveis. Mas, para mim, cada dificuldade era uma oportunidade disfarçada, um convite para crescer e superar.

Eu sou Jéssica de Mello Pacheco Teixeira, nascida em uma família humilde onde o trabalho árduo e a perseverança eram os pilares que sustentavam nosso lar. Desde cedo, aprendi o valor do esforço com meus pais, que nunca mediram sacrifícios para nos oferecer um futuro melhor. Meu espírito empreendedor floresceu ainda na infância, quando comecei a transformar minhas ideias em pequenos negócios, sempre com um olhar voltado para o horizonte das possibilidades.

Minha formação militar me ensinou disciplina e responsabilidade, moldando meu caráter e preparando-me para os desafios da vida adulta. Aos 18 anos, iniciei minha carreira profissional em uma companhia aérea, onde rapidamente me destaquei. Ali desenvolvi habilidades de liderança e gestão que me abriram portas para novos horizontes.

Em busca de alinhar meus objetivos profissionais e acadêmicos, ingressei em uma grande empresa de telecomunicações como estagiária, um passo que foi fundamental para meu crescimento. Investi continuamente na minha educação, culminando em um MBA em Gestão de Compras e Suprimentos, o que consolidou minha expertise na área.

Atualmente sou executiva de compras em uma das maiores empresas de energia do Brasil, onde lidero um projeto de crescimento tecnológico crucial para área de compras, e é um testemunho da minha dedicação e habilidade em impulsionar a inovação e a eficiência nos processos de suprimentos. Cada desafio enfrentado foi uma lição; cada vitória, uma confirmação de que a tecnologia e a inovação são essenciais para o sucesso.

Introdução

Este texto explora uma questão fundamental: a crescente necessidade das empresas de investir em projetos que aumentem a eficiência tecnológica. Interessantemente, discutir tecnologia não se limita apenas a conversas sobre linguagens de programação, bancos de dados ou redes de computadores. No dinâmico mundo dos negócios, a capacidade de se adaptar e responder rapidamente às mudanças é crucial para o sucesso em qualquer setor, com a tecnologia desempenhando um papel chave nesse processo. Portanto, para se destacar profissionalmente, torna-se essencial adquirir conhecimento tecnológico. Especificamente na área de suprimentos, onde atuo, essa necessidade é ainda mais premente.

Minha carreira foi voltada para a tecnologia, mas eu sempre estive do lado de onde tudo acontecia: Diretoria de TI. E, quando iniciei minha carreira em compras, nunca imaginei que a tecnologia se tornaria um componente tão integral de suprimentos. No entanto, ao longo dos anos, percebi que o avanço tecnológico não apenas reduz o workload, mas também permite mais tempo para o planejamento estratégico, além de mitigar riscos e aumentar a aderência a normas de *compliance*. Fatores cruciais para uma diretoria de compras robusta e madura. Isso tudo é possível graças aos sistemas e automações que podem ser implementados, fazendo da tecnologia um meio para alcançar esses objetivos estratégicos.

A aplicação da tecnologia em compras transcende a mera implementação de sistemas ou automações; ela envolve estratégia e a capacidade de adaptação rápida. É essencial responder prontamente às demandas e antecipar as tendências do mercado. Sou particularmente adepta da metodologia ágil para projetos sistêmicos, pois ela proporciona às organizações mais flexibilidade, colaboração intensa com a área de negócio e uma orientação focada em resultados. Este pensamento ágil se reflete em processos mais eficientes, redução de custos, melhoria na qualidade e maior satisfação dos clientes. Objetivos que qualquer organização almeja.

Mais do que adotar uma metodologia, a área de compras precisa pensar de forma ágil no sentido mais puro da palavra. Os colaboradores devem sempre se perguntar: "Como posso realizar esta tarefa de maneira mais eficiente e rápida, sem comprometer a qualidade?" É nesse contexto que a tecnologia se torna fundamental para qualquer área de negócio, visando alcançar resultados eficazes.

Na área de suprimentos, as oportunidades tecnológicas são vastas. Podemos utilizar ferramentas avançadas do mercado, como SAP Ariba, Oracle Procurement Cloud, Coupa, ou até mesmo automatizar processos repetitivos para facilitar decisões estratégicas. Essas tecnologias possibilitam a integração completa dos processos de compra, desde a solicitação até o pagamento, promovendo maior eficiência e redução de custos.

Plano de ação

Após entender a importância da tecnologia e da metodologia ágil na área de compras, é crucial delinear um plano de ação concreto para a implementação de soluções sistêmicas. A seguir, apresento um passo a passo para guiar a área de compras desde o planejamento até a execução, utilizando uma abordagem ágil.

Mas o que é mais interessante é que o plano proposto abaixo, apesar de ter sido um de que participei ativamente da implementação na área de compras, pode ser colocado em prática em qualquer área de negócio em qualquer empresa, seja pequena, média ou grande.

1. Definição do *Roadmap*

Objetivo: Estabelecer uma visão clara e compartilhada das metas e prioridades da área de compras.

Identificação de Necessidades e Oportunidades: Inicie com uma análise abrangente das operações atuais da área de compras. Esta análise deve envolver a coleta de dados detalhados sobre os processos existentes, identificando pontos de dor e áreas onde a eficiência pode ser melhorada. Envolva as partes interessadas de diferentes níveis da organização, desde os executivos até os usuários finais, para garantir uma compreensão completa das necessidades. Realize entrevistas, grupos focais e pesquisas para reunir *insights* valiosos.

Estabelecimento de Metas e KPIs: Defina metas claras e específicas que a implementação das novas tecnologias deve alcançar. Estas metas podem incluir a redução de custos operacionais, a diminuição do tempo de ciclo de compras, a melhoria na conformidade com as políticas corporativas e a elevação da satisfação dos fornecedores. Cada meta deve ser acompanhada de KPIs (Key Performance Indicators) que permitam monitorar o progresso de forma objetiva. Por exemplo, se a meta é reduzir o tempo de ciclo de compras, o KPI pode ser o tempo médio para processar uma ordem de compra.

Priorização de Iniciativas: Com base na análise de necessidades e oportunidades, priorize as iniciativas tecnológicas a serem implementadas. Utilize ferramentas como a Matriz de Eisenhower, que classifica as iniciativas com base em sua importância e urgência.

Considere o impacto potencial de cada iniciativa nos objetivos estratégicos da organização e na capacidade de implementação dentro do prazo e orçamento definidos.

2. Formação do Time Ágil

Objetivo: Montar uma equipe multidisciplinar dedicada à implementação das soluções tecnológicas.

Seleção de Membros da Equipe: Reúna uma equipe composta por profissionais de diferentes áreas, incluindo compras, TI, finanças, e outros departamentos relevantes. A diversidade de conhecimentos e habilidades é crucial para abordar os desafios de forma abrangente. Inclua especialistas em metodologias ágeis, que serão essenciais para guiar o processo de implementação.

Definição de Papéis e Responsabilidades: Clarifique os papéis e responsabilidades de cada membro da equipe. O Product Owner, por exemplo, será responsável por definir e priorizar os requisitos do projeto, enquanto o Scrum Master deverá facilitar as cerimônias ágeis e remover impedimentos. Outros membros da equipe, como desenvolvedores e analistas de negócios, terão funções específicas na execução das tarefas e na análise de requisitos.

Treinamento em Metodologia Ágil: Providencie treinamentos em metodologias ágeis, como Scrum ou Kanban, para todos os membros da equipe. Estes treinamentos devem incluir *workshops* práticos e simulações para garantir que a equipe compreenda plenamente os princípios e práticas ágeis. Incentive a certificação em metodologias ágeis para aumentar a credibilidade e a eficácia da equipe.

3. Desenvolvimento do *Backlog* de Produto

Objetivo: Criar e priorizar uma lista detalhada de requisitos e funcionalidades a serem implementados.

Coleta de Requisitos: Realize *workshops* colaborativos e sessões de *brainstorming* para coletar requisitos detalhados. Utilize técnicas como *User Stories* para descrever as funcionalidades desejadas do ponto de vista dos usuários finais. Por exemplo, uma *User Story* pode ser: "Como comprador, quero automatizar o processo de aprovação de pedidos para reduzir o tempo de ciclo".

Priorização do *Backlog*: Organize as histórias de usuário em um *backlog* de produto, priorizando-as com base no valor de negócio e no esforço necessário para a implementação. Utilize métodos como o MoSCoW (Must have, Should have, Could have, and Won't have) para categorizar os requisitos e assegurar que os itens mais críticos sejam abordados primeiro.

Planejamento de Releases: Divida o trabalho em *releases* incrementais, planejando a entrega contínua de valor. Cada *release* deve incluir um conjunto de funcionalidades que possam ser entregues e avaliadas pelo usuário final. Isto permite ajustes e melhorias contínuas com base no *feedback* recebido.

4. Execução das *Sprints*

Objetivo: Implementar as funcionalidades de forma iterativa e incremental, garantindo entregas regulares de valor.

Planejamento da *Sprint*: No início de cada *sprint*, realize reuniões de planejamento para definir os objetivos e tarefas específicas que serão abordadas. A equipe deve revisar o *backlog* de produto e selecionar as histórias de usuário que podem ser concluídas dentro do período da *sprint*. Utilize estimativas de esforço, como *story points*, para ajudar na seleção das tarefas.

Execução e Desenvolvimento: Durante a *sprint*, a equipe deve desenvolver e implementar as funcionalidades conforme planejado. Realize reuniões diárias (*Daily Stand-ups*) para monitorar o progresso, identificar bloqueios e ajustar as tarefas conforme necessário. A comunicação aberta e contínua é essencial para resolver problemas rapidamente.

Revisão e Retrospectiva: No final de cada *sprint*, realize uma reunião de revisão (*Sprint Review*) para apresentar os incrementos ao *Product Owner* e às partes interessadas. Isso permite a validação das funcionalidades e o recebimento de *feedback* imediato. Conduza uma retrospectiva (*Sprint Retrospective*) para identificar áreas de melhoria no processo e implementar ajustes nas próximas *sprints*.

5. Implementação e Integração

Objetivo: Garantir que as soluções desenvolvidas sejam integradas com os sistemas existentes e funcionem conforme o esperado.

Testes e Validação: Realize testes rigorosos para garantir que as funcionalidades atendam aos requisitos definidos. Utilize uma combinação de testes manuais e automatizados para cobrir diferentes aspectos do sistema. Devem ser incluídos testes de unidade, integração, sistema e aceitação do usuário, para assegurar a qualidade e a funcionalidade.

Integração com Sistemas Existentes: Assegure que as novas soluções sejam integradas de forma harmoniosa com os sistemas existentes, como ERP e plataformas de *e-procurement*. Planeje e execute testes de integração para garantir que os dados fluam corretamente entre os sistemas e que as novas funcionalidades não interrompam as operações existentes.

Treinamento e Suporte: Proporcione treinamento adequado aos usuários finais para garantir que eles possam utilizar as novas funcionalidades de forma eficaz. Desenvolva materiais de treinamento detalhados, como manuais e tutoriais, e organize sessões de treinamento *hands-on*. Ofereça suporte contínuo para resolver problemas e responder a perguntas à medida que os usuários se familiarizam com as novas ferramentas.

6. Monitoramento e Melhoria Contínua

Objetivo: Assegurar a eficácia contínua das soluções implementadas e promover a melhoria contínua.

Monitoramento de KPIs: Utilize os KPIs definidos durante a fase de planejamento para monitorar o desempenho das soluções implementadas. Estabeleça painéis de controle (*dashboards*) para visualização em tempo real dos dados e tendências. Analise os dados regularmente para identificar áreas que necessitam de ajustes e melhorias.

Feedback Contínuo: Estabeleça canais de *feedback*, como pesquisas de satisfação, reuniões de *follow-up* e fóruns de discussão, para que os usuários possam reportar problemas e sugerir melhorias. Incentive a comunicação aberta e a colaboração contínua entre os usuários e a equipe de desenvolvimento.

Iteração e Melhoria: Utilize o *feedback* coletado para iterar e aprimorar continuamente as soluções implementadas. Adote um ciclo de melhoria contínua (CIC) para planejar, executar, verificar e agir (PDCA) sobre as melhorias necessárias. Isso assegura que as soluções permaneçam relevantes e eficazes à medida que as necessidades da organização evoluem.

Seguindo este plano de ação detalhado, a área de compras estará bem posicionada para implementar soluções tecnológicas eficazes de maneira ágil. Este processo garante melhorias contínuas, adaptabilidade e alinhamento com os objetivos estratégicos da organização, promovendo eficiência e inovação.

Resultado

A aplicação do plano de ação descrito anteriormente pode trazer uma série de benefícios significativos para a área de compras, transformando-a em um pilar estratégico dentro da organização. Nesta seção, apresentarei os resultados alcançados em um dos projetos que liderei, demonstrando o impacto positivo da implementação dessas estratégias.

Redução de FTEs e Diminuição de *Workload*

Uma das primeiras e mais evidentes melhorias foi a redução de 15 FTEs (*Full-Time Equivalents*) na primeira fase do projeto. Esta redução foi possível graças à automação de processos repetitivos e à implementação de sistemas que otimizaram a eficiência operacional. Para alcançar essa redução, começamos com a identificação de processos que consumiam grande quantidade de tempo e recursos humanos. Em seguida, utilizamos ferramentas de automação de processos robóticos (RPA) para automatizar tarefas repetitivas, como a entrada de dados, a verificação de conformidade e a geração de relatórios. Com a automação, conseguimos eliminar a necessidade de intervenção manual em muitas etapas do processo, liberando os colaboradores para se concentrarem em atividades estratégicas que exigem análise e tomada de decisão.

A diminuição do *workload* não só aliviou a pressão sobre a equipe existente, mas também liberou recursos para serem redirecionados para atividades de maior valor agregado. Por exemplo, os colaboradores passaram a ter mais tempo para se envolverem em iniciativas de inovação, como a análise de mercado para identificar novas oportunidades de fornecimento e a negociação de melhores termos com os fornecedores. Além disso, a redução do *workload* contribuiu para a melhoria da qualidade de vida dos colaboradores, resultando em maior satisfação e motivação no trabalho.

Melhoria de Performance dos Sistemas

Além da redução de pessoal, houve uma melhoria de 70% na performance dos nossos sistemas. Esta melhoria foi crucial para acelerar o processamento de compras, reduzir erros e aumentar a precisão das transações. Para alcançar essa melhoria, realizamos uma revisão completa da infraestrutura de TI e dos sistemas de compras. Identificamos gargalos e ineficiências no fluxo de trabalho e implementamos atualizações de *software* e otimizações de *hardware*.

Por exemplo, como um pré-projeto, migramos nossos sistemas para uma plataforma de nuvem escalável, que ofereceu maior capacidade de processamento e armazenamento, além de melhorar a segurança dos dados. Melhoramos as ferramentas de programação de pedidos para prever demandas e otimizar estoques. Com sistemas mais rápidos e eficientes, a área de compras pôde responder mais rapidamente às demandas do mercado e às necessidades internas, resultando em uma operação mais ágil e responsiva.

Satisfação do Cliente Interno

Outro resultado notável foi o aumento na satisfação do cliente interno. Ao envolver as principais partes interessadas em todas as fases do projeto, conseguimos alinhar as soluções desenvolvidas às necessidades reais dos usuários finais. Este envolvimento contínuo garantiu que as funcionalidades implementadas fossem relevantes e eficazes, aumentando a aceitação e a satisfação dos usuários.

Para garantir o engajamento das partes interessadas, adotamos uma abordagem colaborativa desde o início do projeto. Realizamos *workshops* e sessões de *feedback* regulares, nos quais os usuários puderam expressar suas necessidades, preocupações e sugestões. Implementamos um ciclo de *feedback* contínuo, em que os usuários testavam as novas funcionalidades e forneciam *feedback* que era rapidamente incorporado às iterações seguintes. Esta abordagem não só garantiu que as soluções atendessem às expectativas dos usuários, mas também promoveu um senso de propriedade e compromisso com o sucesso do projeto.

A comunicação aberta e a colaboração também fortaleceram o relacionamento entre a área de compras e outras áreas envolvidas no projeto, promovendo uma cultura de cooperação e confiança. Essa colaboração resultou em processos mais transparentes e eficientes, em que as informações fluíam livremente entre os departamentos, reduzindo atrasos e mal-entendidos.

Impacto no Crescimento Pessoal e Profissional

A aplicação bem-sucedida dessas estratégias trouxe benefícios para a organização e também contribuiu significativamente para o meu crescimento pessoal e profissional. Liderar um projeto de tamanha envergadura e alcançar resultados tão expressivos demonstrou minha capacidade de pensar estrategicamente e de implementar soluções eficazes em um ambiente complexo.

Esta experiência reforçou minhas habilidades de liderança e gestão de projetos. Aprendi a importância de comunicar uma visão clara, de envolver e motivar a equipe, e de manter o foco nos objetivos estratégicos, mesmo diante de desafios e mudanças. A experiência também ampliou meu conhecimento em tecnologias emergentes e metodologias ágeis, tornando-me uma líder mais versátil e preparada para enfrentar os desafios do futuro.

Além disso, a aplicação dessas estratégias abriu novas oportunidades de crescimento dentro da empresa. Profissionais que conseguem pensar estrategicamente e demonstrar essa habilidade dentro da organização naturalmente se destacam e têm mais oportunidades de crescimento. A melhoria contínua e a otimização do trabalho são temas em crescente ascensão dentro das organizações. Alinhar-se a essas tendências, especialmente com o apoio da tecnologia, permite alcançar resultados de maneira mais rápida e eficaz.

Por exemplo, fui convidada a participar de fóruns de metodologia ágil e a absorver novos projetos de transformação digital, ampliando minha influência e contribuindo ainda mais para o sucesso da organização. O reconhecimento pelo trabalho realizado também resultou em aumentos salariais, recompensando o esforço e a dedicação investidos.

Dicas e conselhos

1. **Adote uma Mentalidade Ágil:** Valorize a flexibilidade, a adaptação contínua e a colaboração. Encoraje sua equipe a ver as mudanças como oportunidades de crescimento e aprendizado.

2. **Invista em Tecnologia:** Utilize plataformas avançadas de gestão de compras para automatizar processos e obter *insights* estratégicos. A inteligência artificial e a automação podem transformar significativamente seus processos de compras.

3. **Forme Equipes Multifuncionais:** Crie equipes com membros de diferentes áreas para garantir que todas as perspectivas sejam consideradas. Isso promove a inovação e a resolução eficiente de problemas.

4. **Capacite sua Equipe:** Ofereça treinamentos contínuos para garantir que todos estejam preparados para utilizar as novas tecnologias e práticas ágeis. A capacitação é essencial para o sucesso da transformação ágil.

5. Foque no Cliente: Coloque as necessidades dos clientes no centro das suas decisões. Utilize *feedback* contínuo para ajustar seus processos e garantir a satisfação dos clientes.

6. Promova a Transparência: Mantenha uma comunicação aberta e transparente em toda a organização. Utilize ferramentas visuais para tornar o progresso visível a todos e facilitar a identificação rápida de problemas.

7. Celebre o Sucesso: Reconheça e recompense os comportamentos que promovem a agilidade. Celebrar as vitórias motiva a equipe e reforça os valores ágeis.

Implementar novas tecnologias em compras ou em qualquer outra área não é uma tarefa fácil, mas com as estratégias e práticas certas é possível transformar seus processos e alcançar um desempenho superior. Além disso, utilizar agilidade na implementação de soluções sistêmicas não é apenas usar a metodologia, mas sim mudar a mentalidade de uma organização, que pode levá-la a novos patamares de eficiência e inovação tecnológica.

Desenvolvendo líderes conectados: lições para uma gestão de pessoas mais humanizada

KELLI AZZOLIM

Nascida em 1979 na cidade de Curitiba, gerente de Tecnologia, 45 anos, mãe do Mateus e do Felipe e apaixonada por Tecnologia, Inovação e História do Brasil. É formada em Tecnologia em Processamento de Dados, com pós-graduação em Gestão de Projetos, MBA em Gestão Empresarial com Ênfase em TI, MBA em Engenharia de Software, MBA em Arquitetura de Software e atualmente cursando pós-graduação em Inteligência Artificial. Há mais de 26 anos atua na área de Tecnologia e desenvolveu sua carreira em empresas de médio e grande porte, nacionais e multinacionais, dos setores de Porto, Logística e Transporte, Indústria Automotiva, Tecnologia e Serviços. Eterna aprendiz e inquieta, gosta de estudar e desenvolver novas habilidades técnicas e comportamentais. Seu foco sempre foi a busca por uma liderança mais humanizada e facilitadora.

LINKEDIN

Exercendo posição de liderança em times de Tecnologia multidisciplinar há mais de dez anos, pude observar e vivenciar diversos cenários positivos e negativos, além de muitos contratempos, sejam relacionados às novas tecnologias, conhecimento técnico, processos ou a pessoas. Coisas que estavam dentro e fora do meu controle. E foi nestes momentos que pude desenvolver métodos para contribuir no dia a dia dos times, relativos ao desenvolvimento e gestão de pessoas com viés mais humanizado. Espero que eu consiga traduzir esta experiência a você, leitor, e que isso possa contribuir na sua jornada profissional rumo a uma liderança diferenciada e conectada.

Os tempos são outros

Vivemos um momento em que os avanços tecnológicos estão cada vez mais rápidos e a informação, de qualidade boa ou ruim, cada vez mais disponível. Estas duas combinações chegam com muitos desafios, entre elas o próprio "ser" humano.

Essas evoluções, quase sempre na velocidade da luz, trazem muitas mudanças e, consequentemente, grandes impactos em valores e pensamentos individuais. Certamente o que pensávamos, acreditávamos e praticávamos há uma década mudou quase que na sua totalidade.

Um dos grandes desafios que este cenário nos impõe, quando falamos em posições de liderança, é na gestão de pessoas, em especial na área de Tecnologia.

Nos tempos atuais, dinheiro, promoções e recompensas estão deixando de ser fonte de motivação. O que atrai os profissionais é aprender e criar coisas novas com mais autonomia. A motivação torna-se muito mais intrínseca do que extrínseca. Daniel Pink, em seu livro *Motivação 3.0,* explica muito bem essa nova abordagem. Segundo ele, "é preciso resistir à tentação de controlar as pessoas e, em vez disso, fazer todo o possível para despertar a adormecida autonomia que temos enraizada em nós".

Acompanhar o cenário é preciso

É difícil quebrar alguns paradigmas quando se fala em gestão de pessoas, fazendo com que nossos vícios nos impeçam de dar mais autonomia para trazer a excelência e o propósito de cada membro do time. Porém, de alguma forma, precisamos começar, pois o *turnover* na área de Tecnologia é um dos mais altos do mercado – chegando a 13% – e ainda é um tema que desafia muitas empresas. E uma das principais causas tem a ver com liderança de times.

Na minha visão, um bom líder, além de suas atribuições triviais, deve estar preparado para:

- Desenvolver o potencial individual e o "brilho no olhar";
- Exercer o papel de facilitador;
- Tornar-se um patrocinador do seu time;
- Buscar e manter a motivação de cada membro.

Podemos então colocar isso em quatro pilares:

- Desenvolvedor;

- Facilitador;
- Patrocinador; e
- Motivador.

Você como futura líder pode estar se perguntando: "Como desenvolver esses quatro pilares dentro da minha jornada?".

A receita do bolo

Claro que toda receita pode ter variações. Alguns ingredientes terão que ser em maior e outros em menor quantidade. E com a experiência de execução da receita é possível melhorar cada vez mais.

Primeiro, é necessário se reconhecer como líder. Exercer um papel de liderança vai além das competências técnicas e da busca incessante das metas junto à equipe para atingir o sucesso. É preciso se humanizar, saber ouvir, saber falar e se colocar no momento certo, mas, principalmente, buscar o potencial individual, ou talento, de cada membro do time.

Segundo é a disciplina. Já dizia Renato Russo, "Disciplina é liberdade". Uma pessoa disciplinada entende e absorve melhor as mudanças, pois sabe realizar a gestão do tempo e prioriza o que de fato é necessário conhecer, aprender e fazer.

Terceiro, líderes falham e muito. Mas a diferença está no reconhecer e buscar melhorar. E como? Através do *feedback*. Esta ferramenta é muito poderosa. Aceite-a como um presente. Quando alguém fornecer a você um *feedback*, tenha absoluta certeza de que quer transformá-la em uma profissional cada vez melhor.

Quarto é resiliência. Sim, ela estará presente em toda a sua jornada profissional. Não deu certo? Tente de novo. Não deu certo novamente? Tente de novo, mas de outra forma.

Estas quatro palavrinhas: Reconhecimento, Disciplina, Feedback e Resiliência serão a base para sustentar os quatro pilares de um líder.

É claro que outros fatores contribuem para esta jornada de liderança, mas as considero como fatores contínuos: capacitação, empatia, inteligência emocional, habilidade social e espírito de equipe.

Agora, vamos detalhar como podemos desenvolver os quatro pilares utilizando ferramentas conhecidas no mundo da Administração.

Como se tornar Desenvolvedor de Pessoas

É importante clarificar que o foco aqui será o desenvolvimento individual, ou seja, identificar o potencial de cada membro do time para que o conjunto seja transformador em busca dos objetivos coletivos.

Em minhas mentorias, costumo utilizar este conjunto de ferramentas para identificar e extrair o potencial dos membros do time. É uma combinação de instrumentos dentro de uma jornada em que será possível identificar inclusive potenciais que a própria pessoa desconhecia. Vamos lá?

Passo 1: crie conexão com seu colaborador

Em qualquer tipo de relação humana criar conexão é fundamental. É neste momento que as pessoas se conhecem, trocam experiências e tiram o viés do "desconfiômetro". Uma boa forma de criar conexão e construir relações de empatia e confiança com seu time é o *One to One* ou *One on One*.

E o que é o *one on one*? É o diálogo reservado e periódico entre o líder e o membro do time. É o momento em que trocam ideias, alinham expectativas e destravam as dúvidas. É o momento de você ouvir e apoiar, buscando a empatia nos assuntos expostos e também ter a visão de como está o colaborador perante os processos e a cultura da empresa.

E é nesse momento que surge o *feedback*. Caso o colaborador não forneça, peça a ele e apenas ouça. Lembre-se: *feedback* não se questiona.

Outro viés muito positivo do *one on one* é o "olho no olho". Em seu livro *Transformando suor em ouro*, Bernadinho (ex-técnico da seleção masculina de vôlei) colocou muito bem a força que o olhar proporciona. Ele exemplifica com a atitude do marechal inglês Sir Bernard Montgomery durante a invasão da Normandia na Segunda Guerra Mundial. Segundo ele, transcrevendo a explicação do marechal, "(...) o que eu queria era olhar bem nos olhos de cada homem para ver se percebia neles o brilho da vitória". Olhar nos olhos das pessoas é uma forma poderosa de conexão e sinergia, trazendo confiança e diálogo aberto.

A periodicidade que recomendo para as realizações de *one on one* é uma vez por semana por um período de 30 minutos, em uma sala reservada. Claro que em tempos de *home office* isso não será totalmente possível, sendo necessária a realização virtual. Porém, use sempre a câmera ligada. Anote os principais pontos e compartilhe com seu colaborador.

Passo 2: Alinhe com o colaborador sua proposta de desenvolvimento

O primeiro passo para um desenvolvimento individual é o colaborador querer se desenvolver e também receber o apoio para isso. Entenda o cenário dele e proponha seu apoio junto ao desenvolvimento, mostrando o quanto é importante e o quanto será benéfico para a jornada profissional.

Passo 3: Qual seu propósito?

Minha experiência até aqui mostra que poucos profissionais têm claro e definido em suas vidas profissionais qual o seu propósito. Aonde você quer chegar? Segundo Napoleão Hill (por quem tenho profunda admiração e inspiração), no livro *Napoleon Hill Meu Mentor*, "Toda realização bem-sucedida começa com a definição de propósito. Nenhum homem pode esperar ter sucesso a menos que saiba precisamente o que quer e condicione a mente para completar a ação necessária para alcançá-lo".

É preciso saber para onde você quer ir para definir como chegar lá. Sabendo disso, ficará mais claro quais passos terá que percorrer para atingir o propósito.

Passo 4: Autoanálise

A autoanálise é muito importante no desenvolvimento de um indivíduo, pois o autoconhecimento nos torna capazes de identificar nossos potenciais, nossas falhas, nossas oportunidades e nossas fraquezas.

Uma ferramenta que auxiliará nesta autoanálise é a **matriz SWOT**.

E como usar usá-la para a autoanálise?

Basicamente, serão três momentos para a construção do SWOT:

Momento 1 – percepção do próprio indivíduo. Você pode lançar perguntas ao seu colaborador sobre como ele se vê com relação às suas forças, fraquezas, oportunidades e ameaças. Cito alguns exemplos:

- Para forças: O que faz você se sentir desafiado? Na sua opinião, qual seu diferencial?

- Para fraquezas: O que impede o seu desenvolvimento? O que você entende que pode fazer melhor?

- Para oportunidades: Quais oportunidades você ainda não aproveitou? Qual a mudança que você entende que possa fazer por você?

- Para ameaças: Há assuntos que precisa dominar e não domina? O que pode impactar você negativamente?

Você pode construir através de colagem de *post its* ou *kanban* em ferramentas virtuais.

Momento 2 – aplicar uma ferramenta de análise de perfil comportamental. Há diversas ferramentas publicadas com este propósito, porém costumo utilizar o modelo criado pelo pesquisador americano Ned Hermann, que faz uma metáfora com alguns animais: Águia (idealizadora), Gato (comunicador), Lobo (organizado) e Tubarão (executor). Uma vez aplicado o teste, nesta mesma matriz SWOT construída no momento 1, solicite ao colaborador extrair do resultado do teste suas forças, fraquezas, oportunidades e ameaças.

Momento 3 – lembra do propósito definido no passo 3? Desafie o colaborador a buscar em publicações de vagas uma posição do mercado que vem ao encontro ao propósito definido. Com a publicação em mãos, encoraje-o a identificar também o SWOT nesta publicação e colocá-los dentro da mesma matriz.

Com isto, finalizamos o autoconhecimento através do uso da matriz SWOT. A partir deste momento passaremos ao passo 5, que é a definição de metas.

Passo 5: Definição de metas

Por que definimos metas?

Porque são elas que nos dão o tom e a direção rumo ao nosso propósito. Além disso, é através delas que iremos traçar o "como chegar lá". Em outras palavras, serão a bússola que norteará as ações.

Como defini-las?

Através da matriz SWOT construída, defina as metas para os quatro quadrantes: Força, Fraqueza, Oportunidade e ameaça.

Minha recomendação é no máximo cinco metas, sendo duas para forças (sim, vamos potencializar o talento) e uma para as demais.

Outro lembrete importante é que, como toda meta, deve ser SMART – S (específica), M (mensurável) e A (atingível), R (relevante) e T (temporal), pois facilita a fixação de objetivos inteligentes e alcançáveis.

Assim que definidas as metas, documente-as.

Passo 6: Definição do plano de ação

Não há resultado sem um plano de ação, assim como sem controle e monitoramento. Da mesma forma que no ambiente corporativo, toda meta precisa ser medida para ser gerenciada e atingida.

Costumo utilizar duas técnicas para definir um plano de ação:

Aprendizado 70/20/10: metodologia de aprendizagem que utiliza:

- ●70% por experiência própria – serão dedicadas ao trabalho prático, ou seja, atividades com vivência real;

- ●20% com outras pessoas – aprendizado com colegas e profissionais da área;

- ●10% por capacitação – leitura, estudo, participação em palestras, etc.

5W2H: ferramenta muito utilizada no mundo corporativo que contempla:

- **What (O que):** o que deve ser feito?
- **Why (Por que):** por que precisa ser realizado?
- **Who (Quem):** quem deve fazer?
- **Where (Onde):** onde será implementado?
- **When (Quando):** quando deverá ser feito?
- **How (Como):** como será conduzido?
- **How Much (Quanto):** quanto custará essa ação?

Facilitador é uma grande sacada

Nossa missão dentro da área de Tecnologia SEMPRE será resolver problemas. Porém, o papel de facilitador ajuda muito a tirar os impedimentos e fazer com que seu time decole!

Times com excelência são multifuncionais, autônomos e com propósito. Com isso, estar próximo, observar, orientar, decidir e agir junto com o time é fundamental.

Alguns rituais que podem ser adotados para ter a proximidade dos times: *daily*, *one on one*, dinâmicas de grupos, *brainstorming*, encontros mensais dos times dentro e/ou fora do ambiente corporativo. Isto trará proximidade, melhora a comunicação e gera um ambiente de empatia.

Defina os rituais de acordo com a jornada do time e sempre os mantenha vivos.

Patrocinador – Seja um vendedor do seu time

Diria que a maior parte do tempo de um líder é voltado às negociações. Não é fácil conquistar um "Sim" até em virtude dos cenários que estão fora nosso controle: mercado, ritmo das pessoas e estrutura das organizações.

Porém, estar do lado do seu time é fundamental. E para isso voltamos ao papel do Facilitador, pois, antes de partir para uma negociação, o alinhamento com seu time deve estar bem azeitado. Para iniciar a negociação ambos – time e líder – devem estar bem confortáveis e seguros quanto ao que será colocado "na mesa".

Outra sugestão que gostaria de deixar a você durante a pré-negociação é estar aberto à opinião das outras áreas, principalmente aquelas que você sabe que irão voltar com vários questionamentos e dúvidas. Isso construirá um laço harmônico de confiança, compromisso e parceria que facilitará (e muito) durante a negociação. Metaforicamente, há um trecho do livro *A Arte da Guerra* que reflete muito bem este ponto "Geralmente, se deseja atacar o exército inimigo (...), é preciso conhecer primeiro os nomes dos comandantes dos assessores, dos chefes do Estado-maior, dos guardas, dos porteiros e dos auxiliares. Por isso, deve instruir os espiões a investigar e conhecer toda a situação".

Motivador, o grande pulo do gato

Sob a minha visão, há dois tipos de motivação:

1. Líder motivador – o humor e o comportamento do líder refletem diretamente no humor e no comportamento do time. Não é um exercício fácil, pois você deve se perguntar: "Nem sempre estamos bem". E concordo com você. Porém, quero que entenda que exercemos papéis em nossas vidas e cada papel é uma representação "do palco e do bastidor. No palco é onde o público enxerga o lado bonito e bem estruturado. O lado bastidor é onde as correrias e as adversidades ocorrem. No papel de líder busque sempre apresentar o lado palco e deixe o bastidor para o momento e para as pessoas apropriadas. Nem todos entenderão e é neste momento que entra a sua inteligência emocional. Busque o autoconhecimento e aprenda a trabalhar suas emoções, aplicando-as nos momentos certos.

2. Time motivado – buscar e manter o time motivado é um dos exercícios mais desafiadores de um líder. Estamos em um século em que quatro gerações se misturam no mercado de trabalho: *Baby Boom*, X, Y e Z (a Alpha logo, logo chegará também). São valores e pensamentos diversos, porém são complementares se identificados e desenvolvidos. Por isso é importante o líder tratar cada membro do seu time como único. Não é possível generalizar e trabalhar de uma forma generalista (e digo isso nos aspectos técnicos e comportamentais). Cada membro do time terá suas metas e a forma de conquistá-las também será única. Alguns serão motivados extrinsecamente, ou seja, a motivação é externa, com recompensas. Outro serão motivados intrinsecamente, ou seja, a motivação é baseada na satisfação. Caberá ao líder identificar e desenvolver da melhor forma cada um destes perfis e, claro, sempre focando potencializar o talento individual de cada um.

E por fim....

Costumo sempre reforçar que líder não é chefe. O líder define o que precisa ser feito e por quê. O time é quem tomará a decisão de como fazer. E para isso ele precisará, além dos elementos técnicos, dos elementos comportamentais identificados. Cada indivíduo é único e contribui significativamente para o todo.

Comprovadamente, não é só conhecimento técnico que torna um líder bom. Mas também saber ouvir, dialogar, impulsionar, alavancar e tirar o melhor do seu time.

Dedique-se a desenvolver as pessoas, identifique os sonhos e desejos de cada uma, lidere individualmente, use as metas para apoiar no desenvolvimento do seu time, ajude seus integrantes a se conhecerem, comemore as vitórias, observe-as voar alto.

Assim você se tornará uma líder de sucesso.

Transformação
digital e as pessoas

MARCIA M. BAGGIO

Uma pessoa tentando ser melhor a cada dia. Com um amor incondicional pelo filho Gabriel! Apaixonada por tecnologia, pessoas e praia. Graduada em Tecnologia de Processamento de Dados pela Universidade Mackenzie; psicóloga formada pela Universidade Metodista de São Paulo; com MBA em Administração pelo Ibmec; e certificações em metodologias de projetos e gestão de mudanças. Mais de 30 anos de experiência em empresas multinacionais e nacionais, com experiências diversificadas em projetos de tecnologia e grandes transformações. Atualmente gerente de Tecnologia da Informação no setor do agronegócio.

LINKEDIN

A tecnologia é a força motriz por trás das mudanças significativas que estamos experimentando atualmente: informações em tempo real, transações on-line, carros e casas conectadas, videoconferências, inteligência artificial e uma infinidade de novidades que aparecem a cada dia.

Contudo, como lidar com esta transformação? Como garantir que a tecnologia esteja a serviço da humanidade e não o contrário? Como assegurar que ela tenha um propósito e seja útil?

Essas e outras perguntas surgem quando decidimos introduzir novas tecnologias na empresa onde trabalhamos ou no mercado em geral.

Para projetos que alteram parcial ou totalmente o modo como operamos, dois elementos são essenciais para garantir o sucesso:

1. A **solução tecnológica** em si.

2. As **pessoas** envolvidas.

O primeiro elemento, a solução tecnológica, não é o alvo deste capítulo, pois ela está associada com a necessidade de cada empresa, seja a criação de um novo aplicativo, a implementação de um ERP *(Enterprise Resource Planning)* ou uma solução utilizando inteligência artificial.

O foco deste capítulo recai sobre o segundo elemento, as **pessoas**, sejam elas parte da solução ou aquelas que irão utilizá-la de forma direta ou indireta. Afinal, não haverá transformação de fato se as pessoas não adotarem a nova solução. Muitas ideias excelentes são colocadas no mercado ou nas empresas, porém, grande parte delas não são utilizadas, acarretando elevados custos desperdiçados, frustração dos idealizadores e insatisfação por parte de clientes, usuários e executivos.

As pessoas

É crucial entender o comportamento das pessoas diante das mudanças para lidar com todas as etapas de uma transformação tecnológica. A disposição e a capacidade de cada indivíduo para adotar algo novo depende de seu conhecimento, interesse, avaliação, teste, adoção, entre outros aspectos.

A **teoria da difusão**, desenvolvida por Everett Rogers, esclarece como, porque e com que rapidez as novas ideias e tecnologias se espalham.

Rogers identificou cinco tipos de pessoas:

- **Inovadores**, que representam cerca de 2,5% da população. São os pioneiros que abraçam as novidades. São aqueles que ficam numa fila imensa antes da loja abrir para comprar aquele novo *smartphone* recém-lançado; ou viajam ao exterior só para adquirir algum aparato tecnológico antes que seja lançado localmente; são os primeiros a explorarem tecnologia de inteligência artificial, novas redes sociais etc. Provavelmente influenciam ou despertam a curiosidade de pessoas dos outros grupos para ver as novidades. Podem ser *beta testers*, que recebem e testam a novidade antes mesmo de ser lançada.
- **Primeiros adeptos,** que são aproximadamente 13,5% das pessoas. São aqueles que seguem as novidades e são os primeiros clientes, mas esperam a novidade chegar ao

mercado sem ter que enfrentar a fila de lançamento do produto, como os "inovadores".

- **Maioria inicial**, que representa cerca e 34% da população. São mais cautelosos, porém abertos à inovação
- **Maioria tardia**, que também representa cerca de 34% das pessoas. São mais conservadores e só adotam inovações quando estas se tornam usuais.
- **Retardatários**, representam os 16% restantes. São pessoas resistentes a mudanças e preferem o *status quo*.

A distribuição desses grupos está representada no gráfico a seguir.

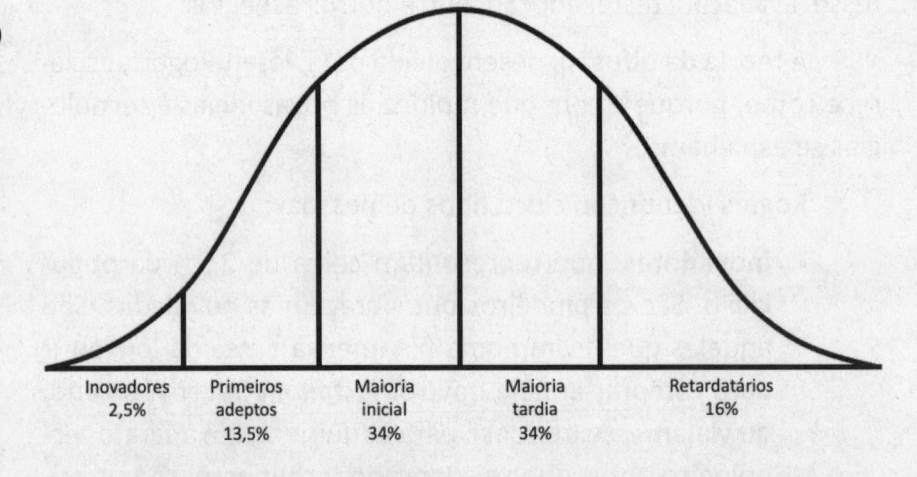

Inovadores	Primeiros adeptos	Maioria inicial	Maioria tardia	Retardatários
2,5%	13,5%	34%	34%	16%

Identificar esses perfis permite compreender quais deverão estar envolvidos na transformação digital e como poderão ajudar na adoção pelas demais pessoas. O ideal é sempre contar com os grupos da esquerda do gráfico para liderança ou papéis estratégicos dentro do processo de transformação. As pessoas dos dois maiores grupos, que somam 68%, poderão fazer parte da equipe porque sofrerão influências positivas dos líderes. Mas não é aconselhável que os 16% da direita do gráfico participem ativamente do projeto; eles seguirão os demais em algum momento como usuários.

Metodologia para a transformação

Não basta apenas lançar a novidade para os inovadores e esperar que a transformação aconteça magicamente. Isto até poderia funcionar, mas levaria muito tempo para atingir um mínimo de mudança.

Para acelerar a transformação digital e garantir seu sucesso é essencial atuar nas seguintes áreas:

1. Propósito,
2. Liderança e equipe,
3. Comunicação,
4. Envolvimento,
5. Capacitação e
6. Sustentação.

Propósito

Uma criança até certa idade pode até seguir ordens, mas os adultos não fazem quase nada sem entender o porquê. É natural do ser humano querer entender o significado ou o objetivo de tudo antes de se lançar ao desconhecido. Logo, o mais importante de qualquer transformação é garantir que todos compreendam porque a mudança é necessária, qual seu propósito. Outro comportamento natural do ser humano é retornar para sua zona de conforto em momentos difíceis.

Portanto, o **propósito da mudança deve ser forte o suficiente para que todos sigam adiante, mesmo perante as adversidades**.

A construção desse propósito deve ser feita por várias mãos, por um grupo composto por executivos e por pessoas que sejam "inovadores" ou "primeiros adeptos", que possam transcrever a essência da transformação de forma sucinta.

Para a construção da mensagem, que será uma espécie de mantra para o projeto, considero a metodologia do Golden Circle, divulgada por Simon Sinek, como a mais eficiente. Ou seja, a mensagem deve sempre se iniciar com o **porquê** da transformação, seguido da explicação do **como** será conduzida e, ao final, esclarecer **o que** é a solução. A mensagem deverá ser suficientemente forte para poder ser utilizada ao longo de todo o processo de transformação.

Importante!

A tendência de grande parte dos projetos é explicar "o que" será feito, por exemplo, "implementar um novo sistema" ou "lançar um novo aplicativo". Lembre-se, as pessoas podem entender **o que** está mudando, mas elas se conectam de verdade com o **propósito** da mudança!

Nesta etapa inicial, é necessário também traçar os primeiros **indicadores** para medir o sucesso do projeto, como ROI, índice de adoção e uso, entre outros, conforme os objetivos estabelecidos pela transformação. Estes indicadores serão tratados no tópico de sustentação adiante.

Liderança e equipe

A liderança e a equipe responsável por implementar a nova tecnologia são tão importantes quanto a própria solução tecnológica que será entregue.

A **liderança** possui um papel fundamental para garantir a condução do projeto alinhado ao propósito da inovação. Deve ser o modelo de comportamento, ou seja, sua comunicação e atitude devem refletir todos os valores estabelecidos para a transformação. Os liderados seguem e ouvem seus líderes, portanto é necessário envolver toda a rede de liderança da empresa, e assim garantir que os colaboradores de todos os níveis da organização possam ter as informações transmitidas diretamente pelos seus líderes imediatos.

Para a formação da **equipe** do projeto, seria óbvio dizer que deve ser composta por pessoas tecnicamente capacitadas para a entrega tecnológica, certo? Porém, além das competências técnicas, a equipe deve possuir habilidades para lidar com a transformação, seus integrantes serem influenciadores e agentes de mudança. Assim como a liderança, os membros da equipe devem ser o modelo de comportamento sobre os valores da transformação. Pessoas do grupo de "inovadores", "primeiros adeptos" e até "maioria inicial" devem fazer parte da equipe para garantir que a transformação seja aceita de forma mais rápida e, consequentemente, difundida e bem recebida por todos mais naturalmente. Pessoas do grupo de "retardatários" não são indicados para serem membros de equipes de projetos de transformação tecnológica.

Comunicação

Para garantir o sucesso de qualquer transformação digital, é importante que as informações sejam construídas sempre pensando sob o ponto de vista de quem as recebe. **As mensagens devem chegar no momento certo, para o público correto, da forma adequada**.

A informação transmitida pela liderança direta é sempre mais eficaz, pois permite que todos se sintam mais próximos e informados, além de poder tirar suas dúvidas diretamente dentro de suas próprias equipes. Portanto, o projeto deve garantir uma **rede de liderança** sempre atualizada sobre a transformação e com direcionamento sobre quais informações e quando deverão ser divulgadas para suas áreas.

Além da informação fluir pela rede de liderança, ela deve estar nos **canais de comunicação** corretos para atingir o público-alvo. As empresas geralmente possuem seus próprios canais de comunicação, como painéis, *newsletters*, e-mails etc. e o projeto deve utilizá-los, pois já são parte da cultura de todos.

Porém, grandes projetos necessitam de canais de comunicação adicionais para garantir que a informação chegue somente para quem realmente precisa, ao invés de divulgar tudo para todos. Como exemplo, podemos citar comunicações específicas para fornecedores de que haverá uma parada no sistema e os pagamentos serão antecipados ou postergados; ou divulgação específica da novidade para clientes; entre outros.

O ideal é elaborar um plano contendo:

- Todos os **eventos** importantes da transformação.
- Dentre os eventos, **quais informações** são relevantes e importantes para serem compartilhadas.
- **Quem** é o público-alvo para cada informação identificada.
- **Quando** as informações devem ser divulgadas.
- Quais os **canais de comunicação** mais adequados para cada um dos eventos. A utilização de múltiplos canais de comunicação garante uma abrangência maior para informações que precisam ser amplamente difundidas. Importante incluir também os eventos e comunicados que serão transmitidos pela rede de liderança ou outros grupos.

Envolvimento

Em muitos casos de transformações, além do papel importante da liderança e da comunicação, é importante envolver **grupos de usuários** adicionais para validar conceitos, coletar *feedbacks* e garantir uma colaboração eficaz durante o processo de transformação. É uma forma de um grupo maior de pessoas influentes poderem se sentir parte do projeto e agilizar a transformação.

Muitas vezes já temos a solução técnica e não existe espaço para envolver grupos adicionais para rediscutir tais temas, porém podemos criar espaços para uma colaboração no momento de testes ou na construção do calendário de treinamentos, pois eles conhecem a realidade do dia a dia e podem ajudar o projeto a ser bem-sucedido.

Estes grupos devem ser formados por pessoas influentes dentro de sua área de atuação e que possam acelerar a novidade dentro das equipes. Neste caso também não são indicados os "retardatários", que poderiam dificultar ou atrasar a transformação.

Como veremos adiante, estes grupos de usuários poderão ser instrutores e ponto de apoio de conhecimento dentro de sua área.

Capacitação

Os treinamentos desempenham um papel fundamental nas transformações tecnológicas, capacitando os colaboradores nas habilidades necessárias para utilizar eficazmente as novas ferramentas, garantindo que estarão aptos a operar no novo conceito.

Para uma capacitação adequada, alguns elementos importantes estão destacados a seguir:

- **Os treinamentos** devem ocorrer o mais próximo possível da novidade entrar no ar para garantir que os conceitos não sejam esquecidos. Se o treinamento ocorrer muito antes do uso, provavelmente parte do conteúdo não será lembrado quando forem utilizar.
- Se possível, os **instrutores** devem ser pessoas mais próximas e influentes das áreas. Pode-se utilizar o **grupo de usuários** mencionado anteriormente como instrutores.
- O conteúdo do treinamento deve incluir o **contexto geral**, a sequência de processos, consequências de erros e mau uso, como era e como ficará.
- Os materiais utilizados para execução dos treinamentos deverão conter o **conteúdo conceitual** e a **prática**, com

demonstração e exercícios. As pessoas aprendem melhor fazendo, por isso a prática dentro do novo ambiente tecnológico é importante, além de permitir ao instrutor avaliar se os usuários estão aptos a operar com a nova tecnologia.

- Garantir que o **conteúdo** do treinamento esteja no dia a dia dos treinandos. Caso existam conteúdos que somente parte do público irá aproveitar, melhor quebrar o treinamento em partes para garantir que tudo seja importante para todos que estejam presentes.
- Coletar *feedbacks* dos treinandos que possam ser corrigidos ou aperfeiçoados em turmas seguintes.
- Acompanhe a **participação** dos usuários na capacitação, pois eles precisam saber operar a nova tecnologia para garantir o sucesso. Envolva a liderança em caso de ausências e tente negociar prioridades.

Sustentação

Como saber se a transformação foi um sucesso e se manterá ao longo do tempo? Após a implementação, é necessário acompanhar de perto a transformação para garantir sua continuidade a longo prazo.

Para que os usuários se sintam acolhidos e com apoio, é importante manter suporte especializado e **sessões de dúvidas e *feedbacks*** até que todos estejam familiarizados com a nova tecnologia. Lembre-se que a tendência natural do ser humano em caso de dificuldade é retornar à velha forma de fazer as coisas. Então, mantenha um suporte adequado pelo tempo que for necessário.

O **grupo de usuários** formados durante o projeto pode ser o ponto de apoio dentro de sua área de atuação. Papéis e responsabilidades bem definidos e atrelados à avaliação de performance do colaborador podem garantir que esta função esteja sob controle e não se perca.

Neste momento é necessário também refinar os **indicadores de sucesso** estabelecidos desde a etapa de construção do propósito, além de incluir novos para garantir que a novidade não seja passageira e que todos continuem utilizando a nova tecnologia.

Seguem algumas dicas sobre a criação de indicadores:

- Melhor acompanhar **poucos indicadores** de forma eficiente e evitar a criação de dezenas de controles que não serão devidamente acompanhados. Tente manter um mínimo necessário.

- Os indicadores devem ser construídos com uma **meta concreta e mensurável**. Por exemplo, reduzir em 100% o desperdício de papel impresso; ou aumentar a produtividade de vendas em até 20% etc.

- Os indicadores deverão ser acompanhados periodicamente até que a sustentação esteja consolidada. Um **comitê** deve avaliar os indicadores, seus resultados e traçar planos de ação nos casos de desvios. Importante: se ninguém acompanhar os indicadores e estabelecer plano de melhorias, a transformação poderá enfraquecer e perder seu objetivo.

Ao seguir essas diretrizes, as empresas podem acelerar sua transformação digital e garantir seu sucesso a longo prazo.

E, quando a transformação já estiver estabelecida, estejam prontos para outras que certamente virão.

Atuação prática do encarregado pelo tratamento de dados pessoais no atendimento aos titulares de dados pessoais

MARIANA SBAITE GONÇALVES

Graduada em Direito pela Universidade Católica de Santos – Unisantos. Mestranda em Science in Legal Studies, pela Ambra University (Orlando/FL). LLM em Proteção e Dados: LGPD e GDPR (FMP e Faculdade de Direito da Universidade de Lisboa). CIPM/IAPP. CDPO/BR – IAPP. DPO (Data Protection Officer) e Information Security Officer certificada pela EXIN. MBA em Data Protection Officer (DPO) – IESB. Pós-Graduada em Direito da Proteção e Uso de Dados (PUC/MINAS). MBA em SGI – Sistema de Gestão Integrada (Segurança do Trabalho – OHSAS 18001/Qualidade – I.S.O. 9001/Meio Ambiente – I.S.O. 14001 e Responsabilidade Social). Pós-Graduada em Direito e Processo do Trabalho (Damásio De Jesus) e em Advocacia Empresarial (PUC/Minas). Articulista do Encarregado.org, do Migalhas, do Tech Compliance e do Direito Profissional. Coautora do artigo: The ISO 27000 Family and its Applicability in LGPD Adaptation Projects for Small and Medium- Sized Enterprises publicado pela Associação Internacional ISACA (Information Systems Audit e Control Association). Coautora dos livros LGPD e Cartórios – Implementação e Questões Práticas (Editora Saraiva); Mulheres na Tecnologia (Editora Leader); Ensaios sobre Direito Digital, Privacidade e Proteção de Dados (Editora Império); Manual do Cidadão – Privacidade - Proteção de Dados (Editora Império); e Liderança Humanitária (Editora Alta Gestão). Membro da ANADD (Associação Nacional da Advogadas (os) de Direito Digital). Consultora de Privacidade, Segurança da Informação e Inteligência Artificial (IA). AI Governance Manager. Auditora Líder ISO/IEC 27001/2022, ISO/IEC 27701/2019 e ISO/IEC 42001/2023.

LINKEDIN

Mentorear não é uma tarefa fácil e requer muita responsabilidade! Aqui, o objetivo deste capítulo, além de trocar experiências, é facilitar a vida de quem está iniciando a atuação como Encarregado pelo Tratamento de Dados Pessoais, quer seja interno ou externo.

Além do apoio da legislação vigente e aplicável, trarei um pouco do conhecimento adquirido na vida prática, um aprendizado que não encontramos nos livros!

Bibliografias e leis são uma base importante, todavia, nada substitui o estudo de casos práticos e a boa conversa e troca de informações com profissionais que passam pelas mesmas coisas que você, diariamente.

Inicialmente, faremos uma breve exposição sobre a função do Encarregado pelo Tratamento de Dados Pessoais.

Dispõe o artigo 41 da Lei Geral de Proteção de Dados Pessoais (LGPD):

> *O controlador deverá indicar encarregado pelo tratamento de dados pessoais.*
>
> *§ 1º A identidade e as informações de contato do encarregado deverão ser divulgadas publicamente, de forma clara e objetiva, preferencialmente no sítio eletrônico do controlador.*
>
> *§ 2º As atividades do encarregado consistem em:*

I - Aceitar reclamações e comunicações dos titulares, prestar esclarecimentos e adotar providências;

II - Receber comunicações da autoridade nacional e adotar providências;

III - orientar os funcionários e os contratados da entidade a respeito das práticas a serem tomadas em relação à proteção de dados pessoais; e

IV - Executar as demais atribuições determinadas pelo controlador ou estabelecidas em normas complementares.

§ 3º A autoridade nacional poderá estabelecer normas complementares sobre a definição e as atribuições do encarregado, inclusive hipóteses de dispensa da necessidade de sua indicação, conforme a natureza e o porte da entidade ou o volume de operações de tratamento de dados.

Também, é fundamental falar sobre a Resolução CD/ANPD Nº 18/2024: Desafios e Diretrizes para o Encarregado, que regulamenta a atuação do encarregado pelo tratamento de dados pessoais, estabelecendo suas atribuições e responsabilidades. O regulamento detalha os requisitos para a indicação, responsabilidades, como prover suporte e garantir autonomia técnica ao encarregado, bem como aborda os desafios relacionados a conflitos de interesse.

Exemplos de artigos da Resolução que mencionam titulares:

"Art. 13. O encarregado deverá ser capaz de comunicar-se com os titulares e com a ANPD, de forma clara e precisa e em língua portuguesa.

Art. 15. As atividades do encarregado consistem em:

I – Aceitar reclamações e comunicações dos titulares, prestar esclarecimentos e adotar providências cabíveis...".

No entanto, atuar como encarregado requer diversas

habilidades, pois há muito mais tarefas a serem cumpridas do que as anteriormente mencionadas.

Independentemente da sua área de formação, além de conhecer as matérias de privacidade e proteção de dados pessoais, é imprescindível ter tato ao lidar com os titulares, tirar dúvidas quando necessário e sempre ser o mais assertivo possível nas respostas enviadas.

A importância de ter um Encarregado pelo Tratamento de Dados Pessoais nas organizações não é justificada apenas pelo cumprimento da LGPD, mas, também, por questões organizacionais, de governança e econômicas. Além de esse profissional ser o elo entre agentes de tratamento, titulares de dados pessoais e ANPD (Autoridade Nacional de Proteção de Dados), atividades de extrema relevância, ele conseguirá avaliar tudo o que envolve dados pessoais, sugerir medidas de segurança para resguardar a empresa, e buscar a conformidade com a LGPD, evitando, assim, sanções administrativas e judiciais, perda de competitividade e danos reputacionais.

Por mais que as empresas sejam pessoas jurídicas, elas são compostas de pessoas físicas, quem têm diversas tarefas e responsabilidades que demandam a atenção com a privacidade e a proteção de dados pessoais. Mesmo na sua atuação profissional, pense como titular e faça este exercício: como você se sentiria se violassem os seus dados pessoais? Você ainda manteria relação com uma empresa que não preservasse sua privacidade? Você confiaria que seus dados pessoais estariam seguros?

É salutar se relacionar com organizações que se preocupam com a nossa privacidade, então, nomear um Encarregado pelo Tratamento de Dados Pessoais traz um senso maior de responsabilidade com relação aos dados pessoais e dados pessoais sensíveis dos titulares, organiza melhor a estrutura de gestão interna, com classificação de informações com base em sua sensibilidade, possibilita a escolha de fornecedores preparados para lidar com as questões que envolvam privacidade e proteção de dados pessoais e avalia a melhor forma de fechar contratos, dentre outras ações.

O Encarregado pelo Tratamento de Dados Pessoais, além de necessitar de conhecimento técnico, teórico e prático, precisa compreender a realidade da empresa e, principalmente, saber como lidar com pessoas. É uma função que, além de independência para apontar riscos e soluções, requer gestão de pessoas.

Além da parte técnica, ter *soft skills* cooperará muito para o seu sucesso: saber entender as dificuldades alheias, ser compreensivo e ter jogo de cintura ameniza certas dificuldades das atividades diárias. Lembre-se: a lei é nova, e para alcançarmos uma mudança de cultura precisamos de muita conscientização, vontade e paciência!

Dito isso, entremos no tema central: o tão falado atendimento às demandas dos titulares de dados pessoais.

Obviamente, a LGPD traz regras relacionadas ao tema, mas aliar isso ao dia a dia facilita muito a resolução de problemas. Um conselho: pense fora da caixa! Ser Encarregado pelo Tratamento de Dados Pessoais é uma tarefa desafiadora, pois na maioria das vezes as perguntas recebidas não têm as respostas claras no texto da lei, o que nos obriga a:

- ✓ Raciocinar sempre considerando os mais diversos cenários;
- ✓ Ser minucioso;
- ✓ Juntar técnica com bom senso;
- ✓ Ser resiliente.

O primeiro passo é simples: estude, leia, seja curiosa e interessada. Conheça a legislação, troque ideias com profissionais da área, entenda as situações práticas e crie uma lista de lições aprendidas. Registre cada equívoco que acontecer, para futuro aprendizado.

Não tenha medo de errar! Errar é humano, principalmente quando o assunto é novo. Leia, estude e se prepare, todavia, caso haja algum equívoco, reconheça o erro, se desculpe, tenha mais atenção a partir dali e bola pra frente.

Ter organização é fundamental, então, treine sua equipe, escolha métodos intuitivos e mantenha evidência de todos os atendimentos, independentemente se foi possível ou não atender ao pedido do titular.

Sempre será necessário identificar o titular, ou seja, saber se, de fato, a pessoa que pretende exercer tal direito é a que afirma ser. Ainda, é essencial que quem receba a demanda saiba identificar se é uma demanda de privacidade e proteção de dados ou não.

Caso o titular tenha dúvidas, responda-as com clareza e objetividade, evite "juridiquês" e tenha atenção aos prazos. Ah, simpatia nunca é demais! Tratar as pessoas com respeito e educação ajuda demais na realização de qualquer tarefa, quer seja profissional ou pessoal.

O titular de dados pessoais é o dono dos dados e, além de ter sua privacidade preservada, tem alguns direitos trazidos pela LGPD, em seu artigo 18:

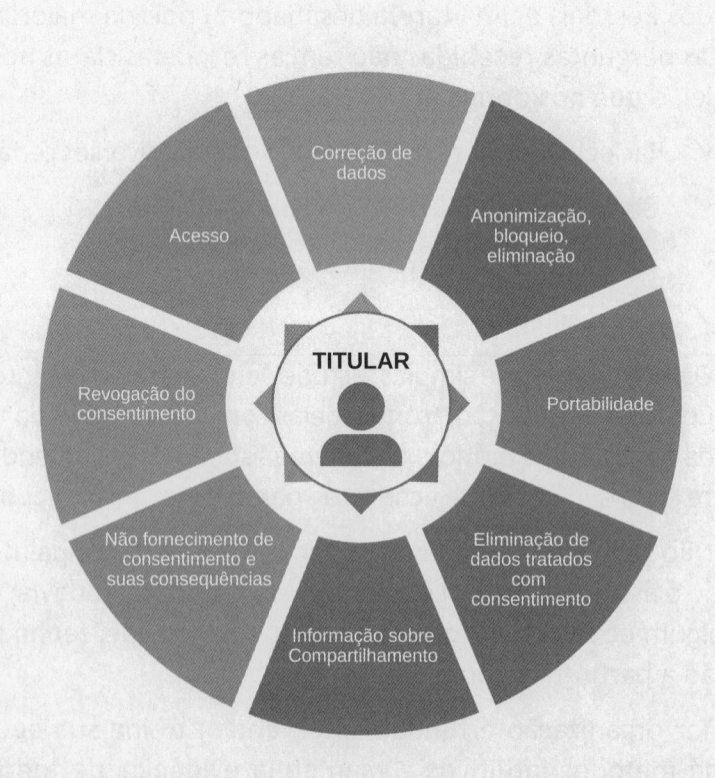

Para responder qualquer solicitação, é importante considerar:

1) Quem pode demandar? A demanda pode ser feita a requerimento expresso do titular ou de representante legalmente constituído;

2) E quem responde demanda de titular? É o Controlador! É de suma importância reforçar este ponto, pois temos visto, na realidade, muitos operadores realizando essa função, sem compreender o tamanho da responsabilidade que estão assumindo;

3) Qual o prazo? Em caso de impossibilidade de adoção imediata da providência, o controlador deverá indicar as razões de fato ou de direito que impedem a adoção imediata da providência. Nos casos dos direitos de confirmação de existência ou o acesso a dados pessoais, a resposta deverá ser por meio de declaração clara e completa, que indique a origem dos dados, a inexistência de registro, os critérios utilizados e a finalidade do tratamento, observados os segredos comercial e industrial, fornecida no prazo de até 15 (quinze) dias, contado da data do requerimento do titular.

Para um bom atendimento, é de suma importância:

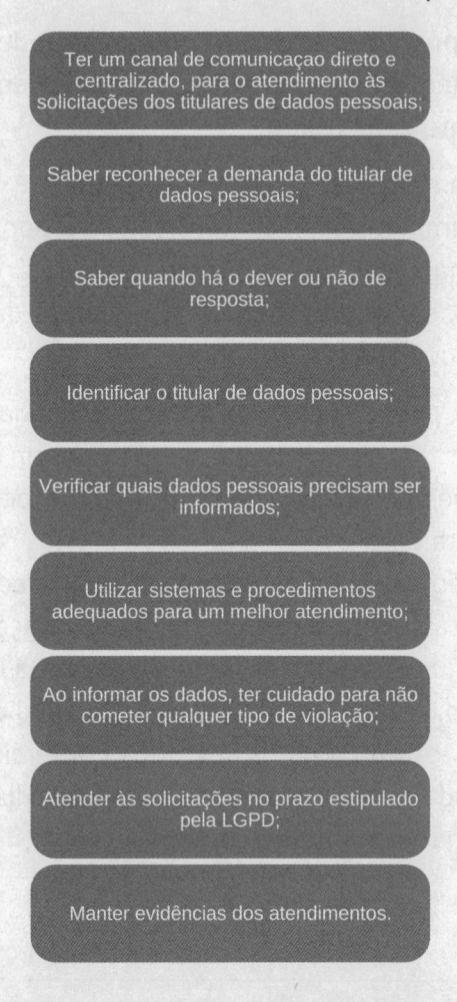

- Ter um canal de comunicação direto e centralizado, para o atendimento às solicitações dos titulares de dados pessoais;
- Saber reconhecer a demanda do titular de dados pessoais;
- Saber quando há o dever ou não de resposta;
- Identificar o titular de dados pessoais;
- Verificar quais dados pessoais precisam ser informados;
- Utilizar sistemas e procedimentos adequados para um melhor atendimento;
- Ao informar os dados, ter cuidado para não cometer qualquer tipo de violação;
- Atender às solicitações no prazo estipulado pela LGPD;
- Manter evidências dos atendimentos.

Em nossa atuação prática, observamos, sim, que há empresas (poucas) que ainda não receberam alguma solicitação de titular, no entanto, há organizações que recebem várias, diariamente, o que enseja um fluxo para que todas as respostas sejam enviadas, bem como evidenciadas, para efeito de fiscalizações.

Ainda mais agora, com o regulamento de dosimetria e aplicação de sanções da ANPD (Autoridade Nacional de Proteção de Dados), que detalhou critérios e valores para as multas, inclusive trazendo agravantes e atenuantes, com base nos comportamentos das empresas.

Veja: não basta ter modelos para tudo, eis que cada solicitação é uma solicitação. É imperioso que cada demanda seja analisada, compreendida e respondida dentro do prazo estabelecido pela lei, bem como evidenciar os atendimentos, para efeito de *accountability*, conforme o inciso X, do artigo 6º, da LGPD:

X - Responsabilização e prestação de contas: demonstração, pelo agente, da adoção de medidas eficazes e capazes de comprovar a observância e o cumprimento das normas de proteção de dados pessoais e, inclusive, da eficácia dessas medidas.

Um exemplo de cenário prático seria:

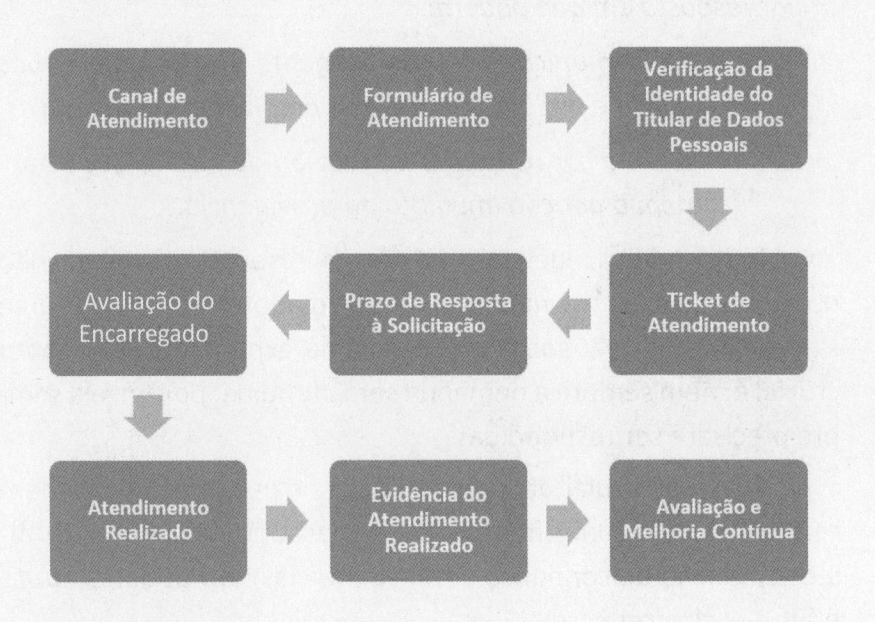

```
Canal de Atendimento → Formulário de Atendimento → Verificação da Identidade do Titular de Dados Pessoais
                                                            ↓
Avaliação do Encarregado ← Prazo de Resposta à Solicitação ← Ticket de Atendimento
        ↓
Atendimento Realizado → Evidência do Atendimento Realizado → Avaliação e Melhoria Contínua
```

A empresa precisa conseguir gerir seus dados de forma a encontrá-los com agilidade, compilá-los e responder ao titular dentro do prazo legal. Ademais, no caso de meio eletrônico, que é o mais utilizado atualmente, precisa ter um caminho seguro, ou seja, deve adotar medidas de segurança a fim de proteger não somente os dados, como também seu compartilhamento.

Adotar um sistema de gestão e ferramentas não é uma obrigação, no entanto, armazenar arquivos em rede e planilhas pode deixar o ambiente muito mais vulnerável. Ter segurança demanda investimento e diversas ações, a fim de alcançar o tão esperado aculturamento de privacidade.

É válido lembrar também:

Caso o controlador, por qualquer motivo que seja, não consiga responder alguma solicitação dentro do prazo, ensina a LGPD, no artigo 18, em seu § 4º:

Em caso de impossibilidade de adoção imediata da providência de que trata o § 3º deste artigo, o controlador enviará ao titular resposta em que poderá:

I – Comunicar que não é agente de tratamento dos dados e indicar, sempre que possível, o agente; ou

II – Indicar as razões de fato ou de direito que impedem a adoção imediata da providência.

Isso significa que, mesmo que a resposta completa não possa ser enviada de imediato, o Controlador precisará dar uma satisfação ao titular sobre a ausência de explicações. E o ponto crucial é: nem sempre a demanda será atendida, porém, ela sempre precisará ser respondida!

Enviar ao titular uma resposta clara e oportuna não somente demonstra o cumprimento da legislação, mas também fortalece a relação de confiança e transparência, com titulares atuais e futuros clientes.

Por fim, mas longe de esgotar a discussão sobre o tema, dispõe a LGPD, em seu artigo 17:

Toda pessoa natural tem assegurada a titularidade de seus dados pessoais e garantidos os direitos fundamentais de liberdade, de intimidade e de privacidade, nos termos desta Lei.

Clareando as ideias: cooperar para que os titulares possam exercer seus direitos é mais do que uma demonstração de bom senso e de cumprimento dos princípios legais, mas também do respeito aos direitos fundamentais de privacidade e de proteção de dados pessoais.

Framework para gerenciamento de riscos para tomada de decisão

MÔNICA MANCINI

Pós-Doutorado em Sistemas Informação/USP (2017). MBA Inovação e Cidades Inteligentes/Facens (2022). Pós-Graduação Big Data/Mackenzie (2020). Gestão Estratégica EAD/Senac(2017). MBA Gestão Empresarial/FGVSP (2007). Doutorado Ciências Sociais/PUC-SP (2005). Mestrado Administração/PUC-SP (1999). Espec. Adm. Industrial/USP (1992). Graduação Análise de sistemas/Fasp (1989). Graduação em Ciências da Computação/Anhembi Morumbi (2022).

Certificações DASM ASF, PMP, COBIT, ITIL-F, ISO 20000, ISO 27002, Green IT Citizen.

Presidente do PMI São Paulo (2021-2024). Executiva de TI com mais de 30 anos de experiência em cargos de gestão em diversos segmentos.

Desde 1999, docente nos cursos de pós-graduação lato sensu em diversas universidades no Brasil e exterior.

LINKEDIN

O tema sobre gerenciamento de riscos sempre foi um assunto fascinante para mim. No exercício diário das minhas atividades profissionais e pessoais referente a tomada de decisão, identificar, analisar e dar respostas aos riscos se tornam um grande desafio para lidar com as incertezas no mundo. Por ser um assunto relevante, apresento um *framework* baseado nas melhores práticas de gerenciamento de riscos para a tomada de decisão, mas antes...

Afinal, o que são riscos?

Um risco é a possibilidade de um evento futuro, algo identificado antecipadamente, que pode ou não acontecer. Caso aconteça, pode provocar um efeito negativo ou positivo nos objetivos organizacionais, nos projetos e nas pessoas (PMI, 2022).

O risco surge da incerteza e gera incerteza. A incerteza é a falta de conhecimento sobre um evento que reduz a confiança na tomada de decisão. A ambiguidade é a ausência de informações claras ou contraditórias ou a interpretação variável dos fatos. **Incerteza** e **ambiguidade** são fatores que permitem a avaliação de riscos, e de que maneira podem ser gerenciados adequadamente (PMI, 2022).

Os riscos podem ser classificados como conhecidos e desconhecidos. **Riscos conhecidos** são identificados, compreendidos e documentados antes que ocorram. Podem ser previstos com base em lições aprendidas, análises históricas, entre outros, e são gerenciáveis. **Riscos desconhecidos** surgem de eventos imprevistos ou situações não previstas durante o planejamento ou análise de riscos, e envolvem a capacidade de adaptação e flexibilidade da organização para lidar com o inesperado.

Temos também os **riscos positivos** e **os negativos**. Os riscos positivos são denominados de **oportunidades,** representam possíveis benefícios que podem ser aproveitados para melhorar o desempenho ou alcançar metas adicionais. Por outro lado, os **riscos negativos** são denominados de **ameaças**. São eventos incertos que, se ocorrerem, podem ocasionar um impacto negativo na organização (PMI, 2022).

A **atitude de risco** é a disposição da organização para lidar com o risco. Ela pode variar da aversão ao risco (não assume o risco) à busca do risco (assume o risco). O apetite de risco é a quantidade de risco que uma organização ou indivíduo está disposto a assumir em busca de seus objetivos. Uma organização com um **apetite de risco alto** está disposta a assumir maiores riscos em busca de resultados potencialmente mais elevados. Uma organização com um **apetite de risco baixo** pode optar por evitar riscos significativos para a organização (PMI, 2022).

A Figura 1 apresenta a relação entre o apetite de risco e sua influência na estratégia de negócios.

Figura 1 – Apetite ao risco e a estratégia organizacional

Política de
Gerenciamento
de Riscos

Framework de gerenciamento de riscos

Motivadores de estratégia e valor de negocio

Apetite ao risco

Fonte: PMI (2022)

Os riscos podem ser classificados de várias formas e os principais são: a) **risco estratégico,** que é a incerteza em torno das decisões estratégicas organizacionais e sua capacidade de alcançar seus objetivos de longo prazo; b) **risco financeiro,** que é a possibilidade de perdas financeiras; c) **risco operacional,** que está relacionado às falhas nos processos internos organizacionais.

Há outros tipos de riscos, como de mercado, legal e regulatório, da segurança da informação, entre outros. A compreensão e gerenciamento eficaz dos tipos de riscos são essenciais para a sustentabilidade e longevidade organizacional.

Tomada de decisão baseada em riscos

O gerenciamento de riscos é um processo sistemático de identificação, análise, avaliação e resposta aos riscos positivos e negativos. O objetivo do gerenciamento de riscos é minimizar a probabilidade e o impacto das ameaças e maximizar as oportunidades de maneira eficaz (PMI, 2022).

A tomada de decisão é um processo cognitivo na qual uma pessoa ou um grupo escolhe uma resposta ao risco entre várias possíveis para a resolução de um problema. A **tomada de decisão baseada em risco** significa identificar e avaliar os riscos associados na escolha de uma resposta ao risco. Dessa forma, é possível reduzir a possibilidade de prejuízos ou danos, e garantir a segurança e a proteção da organização (PMI, 2022).

Os riscos podem ser classificados de várias formas e os principais são: a) **risco estratégico,** que é a incerteza em torno das decisões estratégicas organizacionais e sua capacidade de alcançar seus objetivos de longo prazo; b) **risco financeiro,** que é a possibilidade de perdas financeiras; c) **risco operacional,** que está relacionado às falhas nos processos internos organizacionais.

Há outros tipos de riscos, como de mercado, legal e regulatório, da segurança da informação, entre outros. A compreensão e gerenciamento eficaz dos tipos de riscos são essenciais para a sustentabilidade e longevidade organizacional.

Framework do ciclo de vida do gerenciamento dos riscos

O ciclo de vida de gerenciamento de riscos é uma abordagem estruturada para gerenciar o risco em todos os domínios da empresa e pode ocorrer várias vezes, incluindo os seguintes processos, conforme as melhores práticas do Padrão de Gerenciamento de Riscos do Project Management Institute (PMI, 2022):

a) Planejar o gerenciamento dos riscos. Identificar as origens dos riscos: riscos internos (da organização – projetos e operações) e externos (do mercado). As atividades compreendem a categorização dos tipos de riscos; definição da execução do gerenciamento dos riscos; definição do tempo no gerenciamento destes riscos e definição dos responsáveis.

b) Identificar os riscos. Identificar os riscos com todas as partes interessadas de forma interativa. As ferramentas e técnicas de "Identificar os riscos" são:

- Revisões de documentações. Analisar documentações, lições aprendidas, entre outros, que podem identificar os riscos.

- Técnicas de coleta de informações:

    - Brainstorming. Gerar tempestade de ideias para identificar os riscos.

    - Técnica Delphi. Obter consenso de especialistas que participam no anonimato.

    - Entrevista. Entrevistar as partes interessadas, especialistas para identificar os riscos.

    - Análise da causa-raiz. Identificar a causa-raiz do problema.

    - Análise SWOT. Avaliar pontos fortes e fracos (ambiente interno) e identificar os riscos nas oportunidades e ameaças (ambiente externo).

    - Análise lista de verificação. Identificar riscos específicos em cada categoria de risco.

    - Análise das premissas. Analisar as premissas adotadas para identificar os riscos.

    - Técnicas de diagrama. Diagrama causa-efeito ou Diagrama de Ishikawa, fluxogramas e diagrama de influência ajudam a identificar riscos adicionais.

c) Realizar a análise qualitativa dos riscos. Criar uma **lista dos riscos identificados** anteriormente e **priorizá-la** por meio da matriz de probabilidade (ocorrência do risco) e impacto (efeito do risco), conforme mostra a Figura 2:

Figura 2 - Matriz de probabilidade e impacto

		Ameaças				Oportunidades				
	90%	Média	Média	Alta	Alta	Alta	Baixa	Baixa	Baixa	Média	Média
	70%	Baixa	Média	Média	Alta	Alta	Baixa	Baixa	Média	Média	Alta
Probabilidade	50%	Baixa	Baixa	Média	Alta	Alta	Baixa	Baixa	Média	Alta	Alta
	30%	Baixa	Baixa	Média	Média	Alta	Baixa	Média	Média	Alta	Alta
	10%	Baixa	Baixa	Baixa	Baixa	Média	Média	Alta	Alta	Alta	Alta
		Muito Baixo	Baixo	Moderado	Alto	Muito Alto	Muito Alto	Alto	Moderado	Baixo	Muito Baixo
						Impacto					

Fonte: Adaptado PMI (2022; 2023)

d) Realizar a análise quantitativa dos riscos. Processo que avalia numericamente a lista de riscos identificados e priorizados do processo anterior para fornecer uma visão mais detalhada de seu potencial de impacto e probabilidade de ocorrência.

A probabilidade de um risco é a **medida em** que um risco possa ser materializado e provoque um impacto negativo. A medida do risco é expressa em porcentagem ou proporção que indica a probabilidade de ocorrência deste evento indesejado. Por exemplo, 50% de probabilidade significa 50% de chance de que o evento do risco ocorra. A probabilidade pode ser classificada em categorias como: baixa, média e alta ou em uma escala numérica de 1 a 5. O impacto de um risco se refere aos **efeitos** negativos da materialização do risco. O impacto também pode ser categorizado em diferentes níveis, como baixo, moderado e alto, ou ser avaliado em uma escala numérica, de acordo com a gravidade das consequências. Assim, a matriz de risco é uma ferramenta utilizada no processo de tomada de decisão que combina probabilidade e impacto, o que permite identificar os riscos críticos e priorizar as ações.

Vamos analisar um exemplo: por causa das fortes chuvas do verão, a organização tem um risco alto de "queda de internet", ou seja, 50% de probabilidade desse risco acontecer. Caso ocorra, a empresa irá parar, pois o trabalho é feito somente por meio da internet. Veja como ficaria a matriz de risco desse exemplo, sendo o impacto "Muito Alto" e a probabilidade de 50% (Figura 3):

Figura 3 – Exemplo de uma matriz de risco

Fonte: Carla (2017)

A leitura da matriz de riscos determina as ações a serem tomadas diante da criticidade (probabilidade x impacto) do risco, conforme exposto na Figura 4:

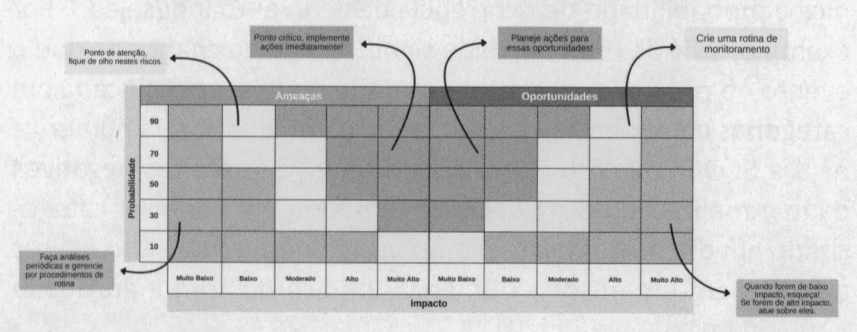

Figura 4 – Leitura de uma matriz de risco

Fonte: Carla (2017)

A matriz de riscos é uma ferramenta utilizada no processo de gerenciamento de riscos para a tomada de decisão, e será necessário descrever os critérios para classificar a probabilidade e o impacto do risco. Vamos a um exemplo, conforme descrito na Tabela 1:

Tabela 1- Critérios de probabilidade do risco

Probabilidade	Tipo	Ocorrência do Risco
01% a 10%	Muito baixa	Não é provável que aconteça
11% a 30%	Baixa	Pode ser que ocorra uma vez no ano
31% a 50%	Moderada	Pode ser que ocorra mais de uma vez no ano
51% a 70%	Alta	Pode ser que ocorra mensalmente
71% a 90%	Muito Alta	Pode ser que ocorra semanalmente

Fonte: Napoleão (2019)

A Tabela 2 mostra os critérios do impacto do risco e seu efeito:

Tabela 2- Critérios do impacto do risco

Impacto	Efeito
Muito baixo	Pouco significativas
Baixo	Reversíveis em curto e médio prazo com custos pouco significativos
Moderado	Reversíveis em curto e médio prazo com custos baixos
Alto	Reversíveis em curto e médio prazo com custos altos
Muito Alto	Irreversíveis ou com custos inviáveis

Fonte: Napoleão (2019)

Após a definição dos critérios de probabilidade e impacto, é importante definir as respostas dos riscos identificados e priorizados.

e) Planejar resposta aos riscos. Este processo envolve desenvolver alternativas, selecionar estratégias e definir ações para lidar com a exposição aos riscos, minimizando ameaças e maximizando oportunidades. As respostas aos riscos podem ser classificadas em dois tipos: riscos para lidar com ameaças e para lidar com oportunidades.

Respostas aos riscos para lidar com ameaças são:

- Escalar. Escalar o assunto para o superior imediato quando a ameaça está fora do escopo de uma área;
- Prevenir. Tomar ações antecipadamente, antes que o risco ocorra;
- Transferir. Transferir um risco para terceiro;
- Mitigar. Reduzir a probabilidade da ocorrência de um risco;
- Aceitar. Aceitar o risco, pois não há nada a fazer.

Respostas aos riscos para lidar com oportunidades são:

- Escalar. Escalar o risco para um superior quando a resposta exceda a autoridade de uma pessoa;
- Explorar. Selecionar oportunidades de alta prioridade para que o risco ocorra;
- Compartilhar. Transferir a oportunidade do risco para um terceiro;
- Melhorar. Aumentar a probabilidade e/ou impacto de uma oportunidade;
- Aceitar. Reconhecer a existência de um risco, porém nenhuma ação proativa é tomada.

As respostas planejadas devem ser adequadas à importância do risco e aos custos para atender ao desafio. É necessário escolher a melhor resposta ao risco entre as diversas opções com técnicas de tomada de decisão estruturada. Em nosso exemplo sobre a queda da internet, a melhor resposta ao risco é **prevenir**, ou seja, antes que ocorra a falta de internet, contratar um outro fornecedor provedor de internet.

f) Implementar as respostas aos riscos. Processo de executar as ações planejadas para lidar com os riscos. Após a identificação, avaliação e planejamento das estratégias de resposta aos riscos, implementar as estratégicas na prática.

Continuando o nosso exemplo, contratar um novo fornecedor de internet. Para tanto, deverá seguir os processos da organização para a aquisição de um novo fornecedor.

g) Monitorar os riscos. Processo para acompanhar e avaliar os riscos identificados, suas tendências, a eficácia das estratégias de resposta e quaisquer mudanças nas condições que possam afetar os riscos.

Pelo nosso exemplo, monitorar a prestação de serviço desse fornecedor significa acompanhar os Key Performance Indicator (KPI) ou Indicador-Chave de Desempenho, bem como o atendimento ao Service Level Agreement (SLA), ou Acordo Nível de Serviço acordado em contrato com este fornecedor.

O gerenciamento de riscos é uma prática essencial, pois reduz a incerteza, melhora a tomada de decisões e protege os interesses das partes interessadas. Ao integrar o gerenciamento de riscos na estratégia e operação da organização, as empresas podem posicionar-se fortemente para enfrentarem os desafios organizacionais e aproveitar as novas oportunidades que surgem.

E para finalizar... os Fatores Críticos de Sucesso

Para garantir a eficácia de um sistema de gerenciamento de riscos na tomada de decisões, é crucial identificar os Fatores Críticos de Sucesso (FCS), que contribuem para o sucesso organizacional.

Alguns destes fatores são: criar uma cultura organizacional que valorize o gerenciamento de riscos. Integrar a análise dos riscos nas estratégias e nos processos de negócios. Adotar um *framework* com critérios pré-estabelecidos para identificação dos riscos. Avaliar riscos baseados em critérios objetivos e transparentes. Compartilhar informações dos riscos com todas as partes interessadas relevantes. Capacitar e conscientizar sobre a importância do gerenciamento de riscos em toda a organização.

Um sistema eficaz de gerenciamento de riscos deve ser dinâmico e adaptável, capaz de aprender com experiências passadas e se ajustar às possíveis mudanças futuras, tornando a tomada de decisão eficaz diante da incerteza e do risco.

Agradecimento

Este assunto é muito especial para mim, pois não é apenas explicar a importância do gerenciamento dos riscos nas organizações, mas agradecer a algumas pessoas importantes que compartilham a estrada da vida comigo.

Não poderia deixar de agradecer à Editora Leader, na pessoa de Andréia Roma, mulher engajada e à frente do seu tempo, pela excelência do trabalho no mercado editorial, por dar voz a nós mulheres, para mostrarmos quem somos e para o que viemos.

Agradeço ao Ricardo Radovan (*in memoriam*), amigo inseparável, que sempre me apoiou em todas as fases da minha vida.

E, muito especialmente, agradeço de todo coração aos meus queridos Maxim Radovan e Baco (ambos *in memoriam*), meus eternos mentores e amores. Suas orientações na condução da estrada da vida sempre foram permeadas em riscos identificados, analisados, selecionados para termos a melhor resposta do risco na tomada de decisão. Tarefa nem sempre fácil diante das circunstâncias da vida. Foi um privilégio conhecê-los, pois vocês são muitos importantes para mim, e fizeram uma grande diferença em minha vida.

E, assim, finalizo este importante capítulo que mostrou como a tomada de decisão baseada em riscos é primordial. Desta forma, somente assim poderemos enfrentar os desafios que estes tempos requerem.

Referências

CARLA, M. **O que é uma matriz de riscos?** Disponível em: https://blogdaqualidade.com.br/o-que-e-uma-matriz-de-riscos/. Acesso em: 20 mar. 2024

NAPOLEÃO, B. M. **Matriz de riscos (matriz de probabilidade e impacto).** 26 jun. 2019. Disponível em: https://ferramentasdaqualidade.org/matriz-de-riscos- matriz-de-probabilidade-e-impacto/. Acesso em: 23 mar. 2024

PMI. **O padrão de gerenciamento de riscos em portfólios, programas e projetos**. USA: PMI, 2022.

PMI. **Grupos de processos:** um guia prático. USA: PMI, 2023.

Conhecer antes de escolher

SANMYA NORONHA

Gestora de TI, trabalha no Banco do Brasil há mais de 22 anos, sendo 14 deles na Diretoria de Tecnologia.

Educadora da Universidade Corporativa do Banco do Brasil há 16 anos e coautora do livro "Mulheres na Tecnologia® – volume I".

É uma das fundadoras e coordenadora do Movimento Mulheres na TI, iniciativa voluntária conduzida por funcionárias com o propósito de encorajar, incentivar, inspirar, orientar e conectar mulheres com as diversas áreas de tecnologia.

Mentora para transição de carreira, formação e desenvolvimento de pessoas, acredita que a Mentoria é uma das ações mais importantes para ajudar as mulheres por meio de suporte, orientações e encorajamento, contribuindo para aumentar a participação feminina na TI.

LINKEDIN

No livro "Mulheres na Tecnologia® – volume 1", tive a grata oportunidade de contar um pouco da minha história e como cheguei ao mundo da Tecnologia da Informação, ou simplesmente TI.

Nesses últimos 14 anos trabalhando na área, testemunhei muitas mudanças nos sistemas, processos e rotinas de TI, transformações estas que sempre buscaram o aumento da produtividade. Mas com tantas alterações e a busca pela melhoria contínua, nem sempre foi possível reduzir a complexidade dos processos.

Neste contexto, um dos desafios encontrados pelas corporações é a disseminação de um conhecimento cada vez mais abrangente entre seus colaboradores e como fazê-lo de forma estruturada para que se obtenha sintonia do conhecimento coletivo dentro da corporação.

Em meio à pergunta de como isso pode ser feito, a resposta é o tema central deste livro: através da Mentoria.

Conhecer antes de escolher: e o que a mentoria tem a ver com isso?

Ao longo dos anos, debaixo do guarda-chuva da TI, muitas áreas foram se ramificando de acordo com suas especialidades, aumentando exponencialmente as oportunidades de atuação para os profissionais.

Muitas dúvidas surgem na hora de escolher a carreira em TI, mas a principal delas é: diante de tantas oportunidades, qual a melhor escolha, por onde eu começo?

Diante desse cenário, a mentoria surge como uma tábua de salvação, pois, como veremos no decorrer do livro, ela é a melhor amiga do profissional que está chegando na TI, como também daquele que almeja fazer uma transição de carreira.

Minha primeira experiência como mentora

Trabalhar efetivamente como mentora, assumindo uma responsabilidade formal com um mentorado, surgiu meio que por acaso, alguns anos atrás, quando uma colega de trabalho me procurou pedindo para ser sua mentora.

Me surpreendi com aquele pedido pois, apesar de ser educadora corporativa há muitos anos, nunca tinha pensado em trabalhar com mentoria.

Mesmo com a surpresa, aceitei o convite e me preparei para conduzir a mentoria com dedicação e comprometimento, pois vejo a função do mentor com uma responsabilidade enorme em relação ao mentorado.

É comum que este crie expectativas muito altas neste processo e nem sempre tudo o que se espera é alcançado. Daí a importância de alinhar as expectativas.

A mentorada assumiu o compromisso de realizar as atividades propostas. É importante ressaltar que o sucesso da mentoria depende deste compromisso. As expectativas que a colega apresentou naquele convite foram devidamente atendidas.

Fiquei muito feliz pelos resultados alcançados por minha mentorada e, no decorrer das sessões, pude perceber na mentoria uma grande oportunidade de aprender, compartilhar conhecimentos e experiências. Sim, o mentor aprende muito durante o processo de mentoria. E é este ambiente de troca que transforma a mentoria em uma experiência tão enriquecedora.

O que é Mentoria?

É um processo em que o mentor, uma pessoa mais experiente em um determinado assunto, aconselha, encoraja, apoia e incentiva o mentorado com o propósito de ajudá-lo no aprimoramento de competências ou transição de carreira, apresentando vários recursos para conduzir o seu amadurecimento profissional e pessoal.

Os ganhos obtidos com a mentoria

A mentoria oferece um ambiente seguro e confiável que permite ao mentorado explorar seu potencial, superar desafios, alcançar seus objetivos, adquirir novas habilidades, expandir seu conhecimento e obter maior sucesso em sua vida pessoal e profissional.

Além disso, é possível perceber um aumento da autoconfiança, visão estratégica, segurança para tomada de decisão e criatividade para solucionar problemas.

Tenho condições de trabalhar em TI?

A tecnologia da informação não é somente programar, desenvolver ou codificar, apesar de serem a mesma coisa. Muitas etapas acontecem antes de um sistema "ficar pronto" e outras etapas surgem na sequência. Por isso muitas competências e habilidades são necessárias para fazer tudo isso acontecer.

A jornada da tecnologia inicia-se antes do desenvolvedor começar a programar: é essencial entender a necessidade que motivou, qual tipo de cliente será atendido, em qual linguagem de programação, a sua finalidade, o retorno financeiro esperado, etc. Depois do trabalho do desenvolvedor, é necessário testar, implantar, monitorar e dar suporte sempre que necessário.

Na prática é muito mais do que isso, o intuito foi esclarecer que existem muitas atividades que devem ser realizadas e que dependem de muitos conhecimentos para fazer o sistema funcionar.

Agora que sabemos que não é necessário saber codificar para trabalhar com TI, deixo algumas dicas para você poder entrar neste mundo da TI:

1. Escolha uma área que tenha mais afinidade e concentre seus esforços nela;

2. Algumas áreas para avaliar, considerando o seu perfil e o seu interesse:

    - Ciência de dados,
    - Inteligência artificial,
    - Agilidade,
    - Analytics,
    - Cloud computing,
    - CX/UX,
    - Engenharia de *software*,
    - E muitas outras...

Como conduzir uma mentoria

Ao iniciar uma jornada de mentoria, é necessário entender a motivação para alinhar as expectativas, ajudando o mentorado a identificar seus objetivos e escolher o melhor caminho para conseguir alcançá-los.

Também é o momento ideal para esclarecer como será o processo da mentoria, combinar a quantidade de sessões e o intervalo entre elas. É um compromisso firmado entre os dois: mentor e mentorado.

Uma mentoria voltada para a TI pode ser realizada com dois propósitos:

1. mostrar o mundo da TI, encorajar, identificar o seu potencial, buscar as opções de carreira que melhor se adequam aos seus anseios profissionais;

2. uma vez definida a opção de carreira, orientar quanto às melhores opções de capacitação, compartilhar experiências na realização das atividades da área escolhida e conhecimentos adquiridos no decorrer de sua jornada profissional: o conhecimento tácito. (Recomendo que este tipo de mentoria seja conduzido por um mentor especialista na área de interesse do mentorado.)

O mentor deve adotar uma postura de escuta ativa para entender os anseios do mentorado, conduzir as sessões de uma forma produtiva em ambiente seguro e de total confiança. Tudo o que é abordado nas sessões de mentoria deve ser tratado com sigilo.

Na primeira sessão, mentor e mentorado se apresentam, contando um pouco de sua história e o que motivou o mentorado a querer realizar a mentoria. Este contato inicial colabora para criar uma conexão e despertar a empatia.

Nesse processo de escuta, o mentor conduz a conversa por meio de perguntas que façam o mentorado refletir antes de responder. O mentor contribui com a sua experiência tanto no que deu certo quanto no que deu errado, para promover a reflexão e avaliar em conjunto o que poderia ter sido feito diferente.

No final de cada sessão, combinar com o mentorado as atividades que ele deve realizar até a próxima sessão.

Sugestão de atividades:

- autorreflexão: para ajudar a entender a si mesmo, descobrir o que quer, o motivo desta escolha, aonde quer chegar e o que precisa fazer para chegar lá;
- realização de capacitação: existe uma variedade de cursos pagos e gratuitos, do nível iniciante ao avançado, de excelente qualidade e que contemplam as diversas áreas da TI;
- assistir a vídeos disponíveis na internet e ouvir *podcasts*: é possível encontrar aulas, apresentações e depoimentos de profissionais que viveram as mais diversas jornadas até chegar na TI.

As atitudes do mentorado e a realização destas atividades são essenciais para uma mentoria bem-sucedida, visto que o tempo do encontro e a quantidade de sessões não serão suficientes para alcançar o resultado esperado.

Na sessão seguinte é retomado o que foi conversado na sessão anterior, o que foi realizado no intervalo entre as sessões, como o mentorado se sentiu e o que acredita que agregou.

É importante fazer esta retrospectiva para identificar se o propósito da mentoria está sendo atendido ou se é necessário realizar ajustes.

A importância da participação feminina na TI

No início da década de 70, com a criação dos primeiros cursos de graduação voltados para tecnologia, havia uma presença expressiva das mulheres nestes cursos. Com o passar do tempo, houve uma redução gradativa da participação feminina no mercado de trabalho de TI.

Os motivos para esta redução são vários e despertaram a preocupação de especialistas, empresas de vários setores, instituições educacionais, financeiras e governamentais. Isso torna esta pauta relevante em diversos estudos acadêmicos e pesquisas realizadas por empresas de consultoria.

A preocupação está relacionada ao impacto que esta redução provoca nas organizações.

Mulheres e homens têm visões complementares e existem inúmeras evidências dos ganhos para o negócio e para a sociedade em ambientes que prezam pela diversidade.

Ambientes com equipes diversas geram mais inovação, têm melhor comunicação e colaboração entre as equipes, desenvolvem melhores soluções para o mercado e se tornam mais assertivas para mais de 51,5% da população brasileira (Censo 2022) e responsáveis por mais de 50% dos acessos à internet.

Além disso, as receitas, a participação no mercado e o desempenho geral do negócio são melhores em empresas que têm maior diversidade.

Vamos aumentar a participação feminina na TI?

É necessário realizar ações para 'resgatar' as mulheres de volta para as áreas STEM (ciência, tecnologia, engenharia e matemática).

E por que falo em 'resgatar'?

Porque muitas vezes as meninas – sim, crianças a partir de cinco anos – são desencorajadas a se interessar por estas áreas com a desculpa de que são 'coisas para meninos'.

Se conseguirem 'passar' ilesas por esta etapa, na adolescência continua o processo de desencorajamento. 'Você escreve muito bem, pode fazer faculdade de Comunicação ou outro curso na área de Humanas', 'mas você nem é tão boa assim em matemática', 'você vai ser a única mulher no curso de computação, só tem homem lá', e por aí vai...

E chegamos à fase adulta! Aquela menina, ou adolescente, que foi convencida de que não é capaz de trabalhar com tecnologia, continua olhando a TI com brilho nos olhos, mas sem tomar nenhuma atitude.

Quando buscamos compreender o motivo de existir um percentual tão baixo de mulheres na tecnologia, entre várias pesquisas realizadas e artigos publicados por empresas de consultoria, é comum encontrar:

- um desincentivo iniciado ainda na infância e que prejudicou sua autoconfiança;
- não sabem como funcionam os diversos setores da TI e as oportunidades que existem;
- desconhecem a existência de lideranças femininas em grandes empresas da TI e que muitas soluções tecnológicas foram desenvolvidas por mulheres;
- precisam de um MENTOR que incentive, encoraje a conhecer a TI e oriente quanto às oportunidades que seu perfil se encaixa.

Para mudar este cenário, são realizadas muitas ações conduzidas por instituições e grupos voluntários para aumentar a quantidade de mulheres na tecnologia. A mentoria é uma delas!

Vejo a Mentoria como uma das ações mais importantes para promover o aumento da participação feminina na tecnologia porque, com ela, é possível trabalhar todos os itens apresentados acima, personalizando a orientação de acordo com a história e a experiência de cada uma.

Existem várias formas de realizar mentorias, podendo ser:

- individuais ou em grupos;
- presenciais ou à distância;
- estruturadas ou livres (conhecidas como informais);
- cruzada, externa ou reversa;
- de médio prazo (seis a oito sessões) ou formato *speed* (de 30 minutos a uma hora).

Lugar de mulher é na TI

Agora que já entendemos a importância da mentoria para nossas escolhas, chegou o momento de conversarmos de mulher para mulher.

Décadas atrás, os computadores eram utilizados para realizar cálculos e processamento de dados. Muitas mulheres que operavam esses equipamentos, percebendo o potencial pouco explorado dessas máquinas, começaram a desenvolver programas para facilitar o fluxo dos processos, até então, iniciados manualmente a cada etapa do processamento.

Os primeiros cursos de graduação para áreas relacionadas a TI surgiram no início da década de 70, despertando o interesse das mulheres devido à sua relação forte com a matemática, curso predominantemente feminino naquela época.

Você sabia que muitas soluções tecnológicas foram criadas ou tiveram a participação de mulheres?

Vou citar algumas:

- Ada Lovelace: considerada a mãe da computação. Responsável por criar o primeiro algoritmo (sequência de instruções com a finalidade de resolver algo);
- Carol Shaw: primeira mulher desenvolvedora de jogos digitais (uma das primeiras mulheres a trabalhar na Atari);

- Grace Hopper: desenvolveu a linguagem de programação que deu origem ao COBOL (muito utilizada em grandes empresas que utilizam computadores de grande porte);
- Hedy Lammar: desenvolveu sistemas que viabilizaram a criação do wi-fi e do GPS;
- Radia Perlman: desenvolveu o protocolo *spanning tree* (STP), que permitiu a comunicação entre computadores, expandindo a utilização da internet;
- Susan Kare: criou a interface gráfica intuitiva, os ícones e as fontes, facilitando o uso dos computadores. Um de seus projetos mais conhecidos são os gráficos do baralho utilizado no jogo Paciência;
- Kate Crawford: cofundadora do Instituto AI Now. Primeiro instituto universitário dedicado a pesquisar o impacto social da inteligência artificial.

E muitas outras ...

Conheça a TI, escolha a TI e venha abrilhantar ainda mais o mundo da Tecnologia!

**Plano de carreira para TI!
Com uma dose de amor e
outra de propósito!**

TANIA SILVA

Executiva na área de Tecnologia da Informação, com mais de 20 anos de experiência em empresas multinacionais, com ampla vivência em gerenciamento de projetos estratégicos de grande porte para diversos segmentos do mercado.

Graduada pela Faap em Tecnologia de Processamento de Dados, MBA em Gerenciamento de Projetos pela FGV, especialização em PMO pela UCI Irvine/California, EUA, pós-graduada em ESG, Liderança e Inovação pela Faap. Certificada PMP e ITIL, especializada em Metodologias Ágeis, Gerenciamento de Projetos SAP, Transformação Digital e Governança Corporativa.

Conselheira consultiva, investidora, escritora e *speaker*.

Participa de grupos que têm como objetivo promover mentoria de carreira e apoia iniciativas que visam incentivar mais mulheres a entrarem para a carreira de TI.

Coautora do livro "Mulheres na Tecnologia – Volume I".

LINKEDIN

Olá! Neste capítulo vamos falar de paixão. Não se trata de um romance, pois vamos falar de carreira profissional, mas, sim, trata-se de encontrar propósito em tudo o que fazemos. Nada melhor que fazer todos os dias o que se ama com propósito.

Quando comecei minha carreira tinha algumas dúvidas, o que é natural para quem está começando, apesar de já ter a experiência de trabalhar e estudar, pois comecei muito jovem, por volta de 13 anos; pensava como seria o futuro, se seria fácil meu desenvolvimento e se alcançaria meu propósito. Mas que propósito, se estou no início de tudo? Muito medo em alguns momentos, mas decidi seguir adiante com medo mesmo e como costumo dizer: Nunca desistir!

Às vezes é necessário mudar o trajeto, ajustar perspectivas, redirecionar o caminho e até dar um passo atrás para recomeçar, mas desistir jamais!

Bom vamos lá, começar do início.

Minha história – O início de tudo!

Em resumo, estudei em escola pública, a vida toda, pois sou de origem humilde, filha de nordestinos, que se mudaram para São Paulo com sonhos e objetivos de criar os filhos e lutar por uma vida melhor. Quando decidi cursar uma faculdade, me preparei e passei em três universidades, escolhi a Faap/SP. Precisei de bolsa de estudos, então corri atrás e consegui, com muita luta segui adiante. Estudava de manhã e fazia estágio à tarde. Sim, logo no primeiro ano consegui estágio no Banco do Brasil, aliás muito importante, acredito que estagiar é um grande passo para o início de carreira, em qualquer área, em TI principalmente.

Minha dúvida era sobre qual área seguir, pois TI tem muitas portas, muitas possibilidades, que chamamos de funcionais e técnicas, é um universo de possibilidades, se repararmos, tecnologia está em tudo e daqui em diante não será diferente.

Me formei e logo em seguida comecei a trabalhar em consultoria, neste caso, uma consultoria especializada em desenvolver *software* para atender à área de comércio exterior. Esta é uma das magias da área de TI, você estará trabalhando em sistemas, tecnologia, mas aprenderá o negócio, não tem como não aprender algo quando se está implementando um sistema que vai controlar todo o processo de negócio da empresa. Me apaixonei por projetos, processos, sistemas, atender a clientes e ver o resultado no final é simplesmente fascinante. Descobri que tinha feito minha escolha e que estava no caminho certo! E como é boa a sensação de estar no caminho certo!

Descobrir que caminho seguir facilita muito a trajetória, pois podemos direcionar melhor aonde queremos chegar e com isso traçar uma estratégia.

Plano de carreira, como montar? (7 passos)

Ter um plano de carreira aumenta suas chances de sucesso e evita perder tempo em atividades que não tenham significado efetivo. Mas como assim? Mal comecei a trabalhar na área que defini e já tenho que me preocupar com o futuro?

Posso lhe dizer que sim. E não apenas para definir de forma realista onde quer estar daqui a alguns anos, como também para definir também seu propósito ao longo do caminho, para isso é preciso que analise se as suas ações presentes vão se conectar com seu objetivo futuro.

Cada ação gera uma reação! E é a mais pura verdade, que possui um significado muito mais profundo e não somente aplicado à vida profissional. Mas, mantendo este contexto, o que você escolhe fazer hoje será o reflexo de suas oportunidades no futuro.

Minha história – A superação de desafios

Quando comecei nesta consultoria, entendi que meu desafio não era somente a parte técnica, aprender o sistema, desenvolver e fazer funcionar na organização, entendi que para que isso tudo acontecesse eu precisaria também aprender sobre o negócio, o que é comércio exterior, o que preciso controlar, como são os processos? São perguntas que precisamos responder para que um sistema funcione perfeitamente. Então entendi que é preciso estudar, o que aprendi na universidade foi somente o começo, precisaria estudar muito para superar este desafio, até porque eu não sabia nada de comércio exterior, além de não ter experiência técnica.

Desafio sendo superado, iniciei com consultora de projetos, logo me tornei coordenadora e em seguida gerente de projetos.

Foi fácil? Não. Mas é aí onde entra o propósito. Quando me dei conta do desafio, me lembro de buscar conhecimento, ajuda de pessoas que estavam trilhando um caminho, caminho este que eu queria trilhar. Busquei mentores, pessoas que pudessem me apoiar. Minha gerente na época, a mesma que me contratou, Angélica, como um anjo me deu oportunidade e me guiou.

Busque pessoas em quem pode se espelhar. Aprenda como superou os desafios e tire proveito disso.

São lições valiosas que só quem passou por experiências pode dizer!

Ouvi muitos conselhos, valiosos conselhos que me diziam o que precisava melhorar o que precisava estudar...

O *feedback* é fundamental em nossa construção pessoal e profissional. Aprender a ouvir e a dar um *feedback* deveria fazer parte da grade curricular de qualquer curso, pois, na vida, será uma bússola na escuridão.

Passo I: Como estou no momento?

Precisamos refletir sobre nosso estado atual, no momento em que vou montar meu plano de carreira, preciso entender em que momento estou. O que faço hoje faz sentido pra mim? Estou feliz com meu trabalho atual? O que mais gosto de fazer no meu dia a dia? São algumas perguntas que podemos fazer para definir um plano de carreira. Então, a depender destas respostas, entenderá se está no caminho certo.

Passo II: Onde quero estar daqui a X anos?

Esta pergunta causa calafrios, pois o que preciso definir para estar onde quero estar daqui a dois anos, cinco anos, etc.? Mas, se deseja montar um plano de carreira, é necessário respondê-la. Então no início vamos definir um prazo menor para ficar mais fácil. Onde quero estar daqui a dois anos?

Foi o que fiz; quando decidi aceitar o desafio de me tornar gerente de projetos, sabia que seria desafiador e tracei um plano, precisava me capacitar, entendi na época que para atender a este novo desafio eu precisaria me preparar, estudei, fiz vários cursos especialistas em comportamento, gestão de equipe, até porque saí de uma cadeira de consultora para a cadeira de gestão, o que exigiria me mim habilidades de liderança.

Decidi buscar uma pós-graduação, fiz MBA na FGV/Strong e uma extensão do MBA na Universidade de Irvine UCI/California, EUA. A experiência de fazer um MBA e de estudar fora foi avassaladora em minha vida, abriu muitos horizontes, perspectivas e muitas portas também.

Para você chegar aonde quer precisa definir sua estratégia, buscar ações que com certeza surtirão efeito lá na frente, lembre-se: ação gera reação!

Passo III: Devo revisar meu plano?

OK! Defini o meu plano e decidi onde quero estar, agora vamos verificar se isso realmente faz sentido. Como em projetos, vamos validar o escopo. Quando desenhamos um escopo, uma especificação, um requisito a ser entregue, precisamos validá-lo.

Então por que quero estar nesse lugar que escolhi estar daqui a dois anos? Qual a importância desta decisão para mim? Desta forma, encontraremos um propósito. O seu propósito precisa estar alinhado aos seus objetivos.

Procure ajuda, se inspire em pessoas que alcançaram o mesmo lugar que você deseja, converse com elas. Isso fará com que tome decisões importantes a respeito do que realmente quer alcançar.

Minha história – Encontrando propósito

O meu propósito na época era poder ajudar meus clientes a obterem a melhor solução tecnológica para atender a sua necessidade de negócio, era guiar meu time para que fosse possível concluir a entrega da melhor forma possível e no final saber que todos do time tinham a mesma sensação de dever cumprido. Meu propósito como gestora sempre foi ser colaborativa, ser líder e não chefe. Inspirar e fazer com que o time se inspirasse também e lutasse pela mesma causa. E faço isso até hoje. Porque, como costumo dizer: não se faz projeto sozinho, projeto se faz com pessoas e as pessoas entregam o resultado. Se não tivermos as pessoas certas não adianta ter a tecnologia de ponta, a mais eficaz, ela não irá ser implementada a contento, precisamos de pessoas.

> "Se suas ações inspiram outras pessoas a sonhar mais, aprender mais, fazer mais e ser mais, você é um líder!"
>
> *Simon Sinek*

Passo IV – Traçar metas. Para quê?

Agora que já sabe onde está, aonde quer chegar, validou seu propósito, vamos traçar metas.

Importante aqui é traçar metas que são possíveis de alcançar no prazo planejado, em nosso exemplo, daqui a dois anos. Traçar metas impossíveis ou muito longe da possibilidade de alcance pode trazer frustração, sentimento de incapacidade, isso pode atrasar sua jornada. Então, vamos colocar num papel metas objetivas, claras e que sejam alcançáveis.

Uma forma de montar a lista de metas é analisar e definir a

distância do seu estado atual até onde quer chegar, vamos dividir esta distância maior em espaços menores, então vamos mapear o que precisa fazer, estudar, adquirir, mudar para alcançar cada meta.

Agora vamos perseguir as metas.

Sempre que possível, revise o plano, volte ao passo III, não é um problema se tiver que replanejar alguma meta. Às vezes a decisão mais sábia é parar, revisar, dar um passo atrás e voltar ao caminho traçado.

Muito importante também é buscar conhecimento em sua área de atuação, de interesse e aquilo que você precisa saber para atuar no mercado de trabalho.

Fazer pesquisas sobre o setor, buscar conhecer quem são as grandes empresas incluídos nele, ler sobre suas histórias, conhecer suas tendências, desafios e suas oportunidades.

Fazer *networking* com pessoas de interesse em comum, através de cursos, eventos, redes sociais; hoje em dia, principalmente, está muito fácil conseguir se conectar a profissionais incríveis que poderão fazer toda a diferença em sua vida profissional.

Estudar algo novo, aprender ferramentas e idiomas, saber inglês é essencial nesta área.

Minha História – O amadurecimento e o planejamento futuro

Sem dúvidas, encontrei minha paixão, quantas evoluções ao longo destes anos pude presenciar, a tecnologia avançou a passos largos, quem é da minha geração entenderá o que quero dizer.

Bom, mas seguindo minha trajetória, percebi que precisava crescer, evoluir, buscar novos desafios, trabalhar com algo que me desafiasse novamente, porque estava entrando em uma zona de conforto.

Então, busquei a carreira em ERP SAP, um sistema de origem alemã, utilizado pelas maiores empresas do mundo. Me encantei, busquei fazer *networking* com pessoas da área, já havia tido contato com o sistema indiretamente, mas queria gerenciar um projeto de fato. Me inscrevi em algumas vagas, consegui trocar de consultoria, especializada em SAP, e fui traçando nova rota na minha carreira.

Ao longo desta história, tive oportunidade de gerenciar times de grandes empresas, nacionais e multinacionais, com times multidisciplinares, brasileiros e estrangeiros, times grandes. Independentemente do sistema que estava implementando, sempre com foco em resultados, mas sem deixar de levar em consideração as pessoas.

A relação interpessoal é fundamental em projetos, principalmente nos de grande porte, onde será necessário trabalhar com diversas culturas, pessoas de locais diferentes.

Alinhado à estratégia de implementação de sistema ERP, veio também a necessidade de fazer outros trabalhos, voluntários, porque acredito que uma das ações mais eficazes para o desenvolvimento seja o conhecimento. Todos podemos contribuir com conhecimento, que é a capacidade humana de aprender, entender e compreender, podendo ser aplicado para criar e experimentar o novo. Por que não dar um pouco do que temos para ajudar pessoas?

Talvez este seja para mim o propósito mais nobre.

Passo V – Por que sair da zona de conforto?

É necessário estar aberto a alguns riscos e se lançar em novos desafios, isso fará com que reflita e perceba se você está exatamente onde quer estar, se é o que você realmente quer fazer.

Sinto lhe dizer, mas nada adianta montar um plano de carreira, criar metas, estratégias, se não estiver disposto a se desafiar. Novos desafios serão os degraus para a escalada de onde quer chegar. Não estou falando de desejar ser um líder, de ter um cargo de alto executivo, não tem nada a ver com cargo. Tem a ver com atingir seus objetivos, lembre-se que a meta é sua, você é quem dá a devida importância e relevância de onde quer estar, seja lá em que lugar for.

Sim, então sair da zona de conforto será necessário em algum momento, e o momento é você quem escolhe. Mas lembre-se que o tempo é implacável e passa rápido, portanto seguir o plano pode ser uma forma de alcançar as metas, de forma eficaz, ao logo do tempo.

Algumas perguntas podem ajudar a perceber se está no lugar certo: O que me faz vivo? Quem sou eu? Estou em piloto automático em que parte do meu dia a dia? O que estou carregando como bagagem? As respostas sinceras farão com que perceba se você se encontra no caminho correto.

Passo VI – Autoconhecimento. O que quer dizer?

É extremamente importante se conhecer, se descobrir, quais são seu pontos fortes e fracos, quais habilidades precisa desenvolver, quais as competências necessárias para permitir que seu objetivo seja alcançado. São questionamentos que precisam ser respondidos e ajudarão você a seguir em frente. Coachings, mentorias são ótimos aliados, fazem abrir o horizonte e ajuda, a identificar o que precisa aprender, adquirir ou mudar. Investir em autoconhecimento é uma ferramenta poderosa.

Com as técnicas de Coaching, por exemplo, é possível analisar problemas, definir prioridades e planos para o futuro, não somente no planejamento de carreira, mas também para o futuro da vida pessoal.

Passo VII – Ferramentas que podem ajudar

Há muitas ferramentas que podem ser utilizadas ao longo do caminho. Algumas delas são:

PDI – plano de desenvolvimento individual: contribui para que você não perca o foco, este plano sistematiza diversas ações, ajuda a alcançar metas de pequeno e longo prazo e melhorar o desempenho no trabalho. Precisa ser bem preparado e os *feedbacks* contínuos ajudarão a acompanhar os resultados.

LinkedIn: rede social corporativa, a mais famosa ferramenta de desenvolvimento de carreira.

Ideal para compartilhar ideias e conteúdos de autoria própria. Além disso, importante rede de contatos profissionais, aproxima usuários e pode ajudar com *networking* profissional.

LinkedIn Job Search: no LinkedIn há esta ferramenta que pode ser usada para busca de oportunidades de trabalho, ela mostra as vagas abertas e podem ser criados alertas para novas vagas.

Minha História – Meu legado!

Sou mãe, esposa, amiga, irmã, conselheira e eterna aprendiz.

Minha história não estaria completa, ao meu ver, se não levasse em consideração a família de onde eu vim, da família que eu formei, da minha fé, dos amigos que conquistei, dos líderes que tive, das pessoas que cruzaram meu caminho, seja no trabalho, na vida pessoal, as pessoas com quem tive a honra de trabalhar e aprender. Todas as pessoas, cada uma com sua importância. Com algumas aprendi lições importantes e levarei comigo pra sempre, outras preferi esquecer, afinal, o que não me agrega não me afeta!

A vida nos dá lições que só a vida dá. Conquistei tudo o que quis? Cheguei ao meu objetivo final? Não! Com certeza não. Ainda tenho meu plano para o futuro, quero conquistar, quero conhecer lugares, quero aprender, levar meu resultado adiante e, mais que tudo, ser feliz!

Muito importante deixarmos claro que, primeiro, não existe receita de bolo para o sucesso, segundo, o que o faz feliz não exatamente é a mesma coisa que faz o outro feliz; felicidade é estado de espírito, assim como realização. A palavra realização é muito forte, me sinto realizada hoje, mas o que pode ser "bem-sucedido" pra mim pode não ser necessariamente pra você, o sucesso tem vários significados, encontre seu equilíbrio. Não leve a vida tão a sério, às vezes ela pregará peças pelo caminho.

Se conheça, se respeite, não permita que outra pessoa diga que você não é capaz e jamais, de forma alguma, duvide de seu potencial. Afinal de contas, nesta vida, o que não podemos jamais é desistir!

E se a vida lhe der limões, faça uma bela limonada!

Aliada SIM, concorrente NÃO

TATIANE PAYÁ

Profissional com 26 anos de experiência em Tecnologia, responsável por conduzir inovação e transformação digital em grandes empresas.

Conselheira, palestrante, mentora, escritora, esposa, mãe e uma grande aliada quando o assunto é diversidade, inclusão e desenvolvimento de lideranças tech. Especialista em SRE, DevOps, Observabilidade, Sustentação (PSE), Cloud, Governança de TI.

Quando chega em mesas de reunião e se vê acompanhada de, no máximo, uma ou duas mulheres, lembra-se de sua missão: ser aliada e não concorrente, contribuindo para semear um ambiente seguro e preparado para que mais mulheres possam seguir a carreira em Tecnologia.

Apaixonada por automobilismo, pilota amadora de arrancada e mãe de piloto e pilota de arrancada.

LINKEDIN

Para iniciar esta jornada de mentoria com vocês, quero pedir licença para voltar ao passado, no dia 24 de junho de 2022. Em mais uma das inúmeras datas que marcam minha vida, tanto de forma negativa quanto positiva. Afinal ninguém espera passar por uma demissão em massa, no mesmo dia do lançamento do seu primeiro livro como coautora.

Mas a realidade me trouxe o duro aprendizado de que o mundo não para só porque você está se preparando para um dia especial.

Eram 9 horas da manhã, quando fui chamada para uma reunião extraordinária. Na sala estavam o CTO e o RH, que em poucos minutos me informaram que meus serviços não eram mais necessários e fim.

Calma Tatiane, respira, hoje é seu dia e nada pode tirar o brilho desta conquista tão esperada. No entanto, a verdade é que o tirou, pois não foi apenas o meu desligamento, mas de toda uma equipe.

Uma equipe formada de pessoas diversas que acreditavam não apenas no propósito da empresa, mas em tudo o que eu como liderança dizia a elas.

Confesso que meu mundo caiu naquele momento, porém a vida me cobrava ser forte e seguir o cronograma do dia.

E lá estava eu, com mais 40 mulheres incríveis, prontas para entregar uma obra repleta de histórias e inspirações. O tão sonhado lançamento do livro "Mulheres na Tecnologia - Volume 1", pela Editora Leader, tinha chegado e não podia esperar eu secar minhas lágrimas.

O evento foi um sucesso, fui imensamente acolhida pelas pessoas à minha volta. Estava com minha família e amigos e todos muito felizes por mais um passo dado. Mas o sabor amargo daquela manhã não estava na boca, e sim no coração.

Mas qual a razão de iniciar este capítulo voltando ao passado?

O objetivo é que, através de vivências reais, possa compartilhar com vocês o que fiz para chegar até aqui, como conquistei grandes resultados em empresas renomadas e mantenho o foco no meu propósito de vida - *espalhando sementes de: essência, existência e potência, colhendo aprendizado e conhecimento, a fim de me tornar um ser humano mais humano.*

Vamos passar por cinco pilares que fundamentam a minha jornada e meu plano de mentoria: O poder da Vulnerabilidade, O poder da Comunidade, O poder da Aliança, O poder da Coragem e O poder da Estratégia.

Desejo que aproveitem esta mentoria, que foi pensada e escrita com muito carinho e cuidado.

O Poder da Vulnerabilidade

Meu livro da vida é repleto de capítulos, nos quais a Vulnerabilidade andou lado a lado com a coragem e a persistência para viver. Penso que a própria teimosia tenha sido um componente decisivo, já que tenho uma história de saúde delicada e precisei de muita resiliência para chegar até aqui.

Essas experiências me ensinaram que ser vulnerável é uma das minhas características mais poderosas. Que me aproxima cada dia mais da minha busca de ser um ser humano mais humano. Sem qualquer obrigação ou culpa de seguir um padrão imposto culturalmente, em que a vulnerabilidade é vista como sinônimo de fraqueza.

Mas a verdade é que nem sempre foi assim.

Entre os anos de 2018 e 2019 embarquei em uma jornada de busca interior e autoconhecimento. E em uma das imersões de que participei acabei vivendo uma situação peculiar.

Foram cinco dias de treinamento, com muito conteúdo e atividades para evoluir meu potencial como líder. Porém, no final do primeiro dia, fiquei sem voz e me deparei com o medo de não conseguir extrair o melhor daquela experiência.

Eu não estava com nenhum sinal de gripe que pudesse justificar aquela perda de voz. Logo cheguei à conclusão de que meu emocional havia sequestrado minha voz, como forma de me proteger das emoções que viveria nos próximos dias.

Poderia ter parado por ali e remarcado a imersão, sim, poderia. No entanto, esta opção não foi considerada em nenhum momento, afinal sou teimosa ou, para ficar mais elegante, persistente.

Segui firme no treinamento, driblando a perda de voz e encontrando outras formas de me fazer ouvir.

Ao final, para além de todo aprendizado, pude entender dois fatores predominantes na perda da voz:

O Gatilho

Aconteceu durante a atividade de leitura da minha avaliação 360, feita através da participação de pessoas que escolhi para este momento. E mesmo sendo um material anônimo, ao ler as respostas me deparei com um profundo sentimento de tristeza. Eu não conseguia entender o motivo pelo qual não havia recebido aqueles *feedbacks*, nos rituais de *one to one* (1:1). Aqui é importante dizer que grande parte das pessoas que escolhi para responder à visão 360, em algum momento da minha carreira, foram minhas lideranças.

O Autoconhecimento

Apesar de rapidamente entender o gatilho e que o efeito colateral foi a perda de voz, no decorrer do treinamento outros gatilhos foram acionados e impactaram meu emocional. Naquele momento eu não tinha maturidade suficiente para entender como lidar com os gatilhos e como estabelecer limites para não sofrer com as situações às quais estava sendo submetida.

A **dica de ouro** deste pilar é: AUTOCONHECIMENTO.

Entender sobre você e como suas emoções refletem em seu comportamento é a chave para que compreenda como direcionar suas atitudes e limites para cada situação.

Hoje não me sinto refém das minhas emoções. E uso minha vulnerabilidade aliada ao meu autoconhecimento, para lidar com os desafios do dia a dia.

O poder da Comunidade

Neste ano (2024), completo 26 anos de carreira.

E, quando iniciei minha trajetória, não poderia imaginar os efeitos positivos de nos unirmos em comunidades de tecnologia, muito menos sobre as comunidades focadas em mulheres ou grupos minoritários.

Mas tenho plena certeza de que a caminhada teria sido mais leve até aqui.

Foi necessário passar por muitas situações delicadas e ter coragem de abrir muitas portas nos momentos em que fui minoria.

E abrindo meu coração com vocês, até o ano de 2018, foi necessária uma mentalidade machista para sobreviver no mundo corporativo.

No entanto, a partir de 2018 comecei a desbravar novos olhares e ampliar minha consciência. Tanto pelo fato de me tornar mãe de menina, como pelo fato de estar em contato com novas pessoas e realidades.

Rompi a famosa bolha e pude viver novas experiências, trazendo à consciência a visão de um mundo plural e diverso.

Cheguei em um novo desafio honrada pelo fato de ser a primeira liderança feminina de Engenharia e Infraestrutura. Naquele momento estava envaidecida com a ideia de ser aquela que estava abrindo as portas para as próximas mulheres na liderança. Encontrei olhares esperançosos, de jovens mulheres que ansiavam por uma nova fase. Aquela que poderia representá-las, na luta por uma tecnologia mais justa.

Esta passagem da minha carreira foi muito importante para ressignificar meu entendimento sobre as diferentes lutas do universo feminino. Mais do que isso, de não cair na armadilha da vaidade e usar a minha régua pessoal como parâmetro para validar a luta de outras mulheres.

E foi a partir deste momento que comecei a entender que não precisava caminhar sozinha e que minha vivência, somada à de tantas outras mulheres incríveis, formava um grande ecossistema de inspiração e apoio para o futuro das mulheres na tecnologia.

Isso me permitiu seguir para um novo desafio, ciente do meu papel e preparada para servir a outras mulheres, fortalecendo toda a cadeia de comunidades em tecnologia.

A **dica de ouro** deste pilar é: NETWORKING.

Entender que aumentar meu *networking* me fazia chegar a mais comunidades e pessoas me ajudou a estabelecer um objetivo direto com meu propósito. Criei laços e conexões genuínas, que me permitiram evoluir como líder, profissional e pessoa.

O poder da Aliança

Calma, não se engane. Ainda que o nome deste pilar possa sugerir uma duplicidade ao anterior, vou mostrar que são complementares um ao outro e que um não exclui o outro.

Existe uma linha do tempo importante para alcançar o resultado desta mentoria e propositalmente este pilar acontece depois de me conectar com minhas vulnerabilidades e conhecer como a comunidade pode transformar vidas.

O poder da Aliança pode ter várias conotações. Aqui vamos continuar focados no ponto central desta obra, Mulheres na Tecnologia.

Ao sair da minha zona de conforto e ampliar meu olhar sobre a vivência de outras mulheres, sofri um novo choque com a realidade estrutural na qual fomos criadas. Desde muito pequenas, nas entrelinhas ou não, fomos ensinadas a concorrer umas com as outras, seja na escola, no esporte, na beleza, e assim por diante.

Importante dizer que o objetivo aqui não é comprovar a afirmação acima através de estudos científicos renomados. Mas mostrar através de um relato real que isso acontece de verdade, inclusive em pleno 2024.

Ao chegar em novo desafio, já em uma posição de liderança elevada, me deparei com situações como:

"De fato você precisa conhecer mais sobre o negócio, para poder colaborar com sua opinião".

"Seu marido viu você sair com esta roupa, pela manhã?"

E poderia enumerar várias outras, mas o fato é que nenhuma dessas frases foram proferidas por homens, e sim por mulheres. A primeira inclusive por uma mulher em posição mais elevada que a minha, onde eu esperava ser recebida com acolhimento, direcionamento e mentoria.

A realidade é que ainda precisamos quebrar padrões e reconhecer em nós mesmas as marcas e preconceitos que levamos enraizados em nossa existência.

A verdade é que no dia a dia não encontramos este tipo de concorrência entre nossos colegas homens. Muito pelo contrário, no geral eles criam alianças para terem mais força para validarem suas ideias e alcançarem seus objetivos.

A **dica de ouro** deste pilar é: SEJA ALIADA, NÃO CONCORRENTE.

Olhe com gentileza ao seu redor, encontre naquela mulher que está ao seu lado sua rede de apoio. Forme alianças genuínas, para que subindo possa puxar a outra.

Entender que em pleno 2024, eu também estava perpetuando este tipo de comportamento foi importante para reavaliar a rota e me reconectar com meus valores. E seguindo meu lema de: jamais desista, mude a rota sempre que precisar, mudei meu caminho.

E aqui deixo uma mensagem importante aos meus colegas homens. Sejam aliados, pois, para mudarmos esta realidade, precisamos de vocês sendo voz ao nosso lado.

O poder da Coragem

Este pilar conversa diretamente com três palavras que me resumem:

Essência: como manter minha autenticidade, valores e princípios íntegros, diante do eco do mundo.

Existência: ser de verdade e impactar através do exemplo as pessoas que passam pela minha vida.

Potência: o legado de transformação que desejo deixar para meu filho e minha filha.

Gosto de pensar sobre como fomos criados, seres individuais, plurais e diversos, temos cada um a nossa identidade. E como deixamos de ser generosos quando queremos encaixar todos à nossa imagem e semelhança. Ao agir desta maneira, penso que deixamos de respeitar a oportunidade que nos é dada, de sermos nós mesmos.

Foi através dessas vivências compartilhadas com vocês e muitas outras, que num ato de coragem me libertei das armadilhas de querer ser outra pessoa e me respeitei sendo eu mesma.

A **dica de ouro** deste pilar é: TENHA CORAGEM.

Entender que o processo de autoconhecimento exige coragem foi muito importante para me permitir quebrar ciclos, comportamentos e crenças limitantes. E mesmo que existam momentos em que pare e pense que a ignorância é uma dádiva. Trilhar este caminho foi a melhor forma que encontrei para ser exemplo de um ser humano mais humano, para os meus filhos.

O poder da Estratégia

Quem já ouviu esse tipo de frase: "Não importam os meios, mas sim os resultados" ou "Não quero saber se o pato é macho, quero o ovo", sabe bem que na vida pessoal ou profissional os resultados importam. Por isso, como último pilar desta mentoria guiada, temos O poder da Estratégia, para consolidar e fechar como chegar aos resultados planejados.

Não foi cedo que aprendi que precisava ter um plano estruturado, pelo menos até 2013 deixei a vida me levar e minhas condições de saúde ditarem aonde eu poderia chegar.

Foi então que, através do esporte a motor, entendi que para apoiar a carreira e o desenvolvimento do meu filho precisávamos ter um plano. Primeiro pela grande dificuldade de angariar patrocínio no automobilismo brasileiro e segundo para que pudéssemos estruturar toda a evolução dele como piloto e ser humano.

Em 2025, meu filho vai completar dez anos como piloto profissional e, para além de todos os resultados e campeonatos conquistados, hoje temos nesta estratégia um modelo de negócio.

E como usei a estratégia de uma equipe de automobilismo para evoluir minha carreira:

Definindo propósito

O que vai me motivar a seguir em frente, quando os impedimentos forem maiores que os resultados?

Fatiando a jornada

Trabalhar com a visão de onde queremos chegar ao final do ano, permite entender o que precisamos fazer em cada etapa do campeonato.

Celebrando cada momento

Acreditamos que nenhum resultado é negativo, tudo é aprendizado e vai nos levar à próxima etapa.

Estabelecendo métricas

Para cada etapa temos uma métrica de sucesso bem definida, que nos permite avaliar se estamos mais próximos ou não do objetivo final.

Comunicando ativamente

Trabalhamos a fim de termos todas as conversas necessárias, inclusive as difíceis, assim garantimos que nada fique no campo da imaginação. Direcionando nossas decisões sobre dados e fatos.

Mudando a rota

Como trabalhamos etapa a etapa, medimos e mantemos a comunicação, conseguimos atuar rapidamente em ajustes de rotas, para mitigar qualquer desvio no planejamento

Buscando referências

Olhando para as equipes e aprendendo com o sucesso dos nossos adversários o que podemos melhorar.

Entregando resultado

Chegamos lá?

Sabemos que existem muitos fatores que podem impactar o resultado, por isso, aqui o ponto chave é medir o quanto nos aproximamos do nosso propósito e mapear o que faltou para acertar o alvo.

Aprendendo sempre

O mapeamento do que faltou para chegar lá e tudo que vivemos no ano se torna um plano de melhoria, que gera artefatos para atuarmos no próximo ano.

Revisitando o propósito

Com base em todas as métricas, mudanças de rotas e aprendizados, avaliamos se estamos com a estratégia correta e reafirmamos nosso compromisso com nosso propósito para iniciar a nova temporada.

Escrevi este capítulo diante de muitas mudanças pessoais e profissionais. Existiram momentos em que pensei em abrir mão, mas, pensando no poder desta frase: "A palavra convence, mas o exemplo arrasta", apliquei os dez passos para chegar ao objetivo final e entregar esta mentoria guiada para vocês, compartilhando meu legado e experiência, destes 26 anos de carreira.

Time feliz dá lucro

VIVIANE RICCI

Empresária na área de TI desde 2022. Em menos de dois anos, o número de funcionários e o faturamento da empresa aumentaram mais de 400%. Tem no currículo MBA em Gestão Estratégica de TI pela FGV, Gestão Estratégica Internacional pelo ISCTE-Lisboa, Gestão Estratégica para Dirigentes Empresariais INSEAD-França; é conselheira formada pela Fundação Dom Cabral, certificada PMP, ITIL, entre outras. Todos esses números e títulos são conquistas importantes, mas o que ela tem de mais precioso é a HISTÓRIA que carrega. Foi pioneira ao entrar no mercado de TI na década de 1990, quando o mercado era dominado por homens. Começou a trabalhar numa grande empresa como Analista de Sistema Júnior e chegou a CEO, liderando uma equipe de mais de 14 mil pessoas. E, segundo ela, nenhum degrau que subiu a afastou das suas origens. Acredita na liderança humanizada, que valoriza o bem-estar das pessoas e que aposta na força do coletivo. Ela defende que time feliz dá lucro e vai contar como.

LINKEDIN

Origem

Já ouviu falar em Santo Anastácio? É uma cidadezinha do interior de São Paulo com pouco mais de 17 mil habitantes. Foi lá que eu cresci, numa infância típica de cidade pequena. Pé descalço, sabe?

Eu era uma menina curiosa, que gostava de aprender coisas diferentes. E queria sempre estar na organização das brincadeiras. Na escola, me destacava em matemática.

Acho que meu gosto por TI nasceu dessa combinação. E isso foi numa época em que nem existia internet e que quase ninguém entendia de computador, ainda mais no interior. Mulheres, então, passavam longe!

A faculdade foi só um dos desafios que enfrentei nesse mercado majoritariamente masculino.

Transformei os obstáculos em degraus, sem jamais perder de vista minhas origens. Nunca me afastei de quem verdadeiramente sou. Eu tenho certeza de que vamos mais longe com **autenticidade** e **verdade**.

Por isso, não importa se estou sentada à frente do mais alto executivo de uma multinacional ou de um funcionário, sou exatamente a mesma pessoa.

Lá em Santo Anastácio, aprendi a falar de um jeito com

sotaque que muitos até consideram meio caipira. Com aquele "r" bem puxado, sabe? E eu nunca quis falar diferente, mesmo morando a maior parte da minha vida em capitais. Sigo com a mesma simplicidade do interior, porque essa é a Vivi.

E foi assim, carregando minhas origens, que cresci no hostil ambiente corporativo de TI. E sabe o que é melhor? Formei uma legião de pessoas na cultura empresarial que eu acredito, em que podemos ser nós mesmas**, felizes**, e, assim, gerar muito **lucro**.

De analista a CEO

Fui trabalhar numa grande empresa de tecnologia logo que me formei em TI. Comecei como Analista de Sistema Júnior e cheguei a CEO, liderando uma equipe de mais de 14 mil pessoas. Quando me perguntam como consegui ir tão longe, respondo: em primeiro lugar, sendo **proativa**. Essa é uma característica que sempre fez muita diferença na minha vida profissional e que faço questão de incentivar nas minhas equipes.

Meu interesse pelo aprendizado sempre foi genuíno. Quando comecei a trabalhar, buscava entender o funcionamento da empresa como um todo, não me limitava às responsabilidades da minha tarefa. Eu me colocava à disposição para ajudar, demonstrava interesse em outras funções e me sentia bem assim, porque percebia que podia crescer.

Aos poucos, fui assumindo mais responsabilidades e de repente estava participando da tomada de decisões da minha área. Isso me deixava muito feliz. O meu comportamento, naturalmente, foi gerando confiança nas lideranças da empresa, que me delegavam cada vez mais responsabilidade.

A recompensa veio em forma de cargos, salários e formação. A empresa, ao perceber meu esforço, investiu muito na minha qualificação. Fiz cursos muito importantes, inclusive formações internacionais em Portugal e na França, totalmente custeados pela empresa, que apostava no meu potencial e recompensava minha **proatividade**.

Acredito que a melhor maneira de buscar uma promoção é demonstrando, de forma prática, o valor do seu trabalho e sua dedicação. Sempre tive plena consciência do meu empenho, e sabia que a empresa retribuía de maneira concreta. A escola onde meu filho estudava, a qualidade de vida que eu podia proporcionar à minha família, entre outras conquistas, eram resultados diretos desse reconhecimento. Não é preciso ser o dono para se dedicar com a mesma intensidade e compromisso ao que nos foi confiado.

Atualmente, temos uma cultura geracional que é um desafio em muitas corporações. A maioria dos jovens hoje chega ao mercado de trabalho com pouca disposição para assumir responsabilidades além do escopo do cargo que ocupam. Há estudos que já apontam para um problema de empregabilidade no futuro, visto que a rotatividade é muito grande nas empresas. Comprometimento e interesse são habilidades escassas.

Em segundo lugar, e não menos importante: embora eu nunca tenha deixado de ser quem sou, ao longo da minha carreira, adotei práticas bem-sucedidas de pessoas que admirava. Por mais desafiador que fosse, reconheci meus erros e ajustei a rota inúmeras vezes, pois, mesmo com o sucesso, sempre tive plena consciência das minhas limitações e fraquezas. Fiz isso sem jamais comprometer meus valores ou permitir que fossem colocados à prova.

O meu conselho é: aprendizado é ativo que a gente carrega para a vida inteira. Seja curioso, tenha sede de conhecimento!

E os líderes precisam investir em motivação para que esses jovens vejam a importância da proatividade, não apenas no trabalho, mas na vida.

Sou líder. E você?

O que vou dizer pode soar polêmico, mas acredito firmemente na importância de construir e desenvolver o que cada pessoa tem de melhor. Se alguém é um excelente técnico, o investimento deve ser no aperfeiçoamento de suas habilidades técnicas; se tem perfil de líder, o foco deve ser no desenvolvimento de sua liderança, e assim por diante. Para mim, liderança é uma característica inata. As técnicas podem aprimorar o talento, mas quem não possui essa habilidade naturalmente talvez deva reconsiderar concentrar seus esforços nesse tipo de desenvolvimento, já que o esforço exigido seria muito maior em comparação àqueles que já nascem com esse perfil. No entanto, é importante lembrar que o esforço pode, sim, superar o talento, e essa é uma escolha completamente individual.

Isso não quer dizer que não existam outros caminhos para o sucesso, muito pelo contrário. Há muitas maneiras de se destacar. O importante é focar aquilo em que você realmente é bom e investir em treinamentos que fortaleçam esses pontos fortes. Quem disse que o melhor gestor precisa ser o melhor líder? Quem disse que o melhor técnico precisa assumir funções de liderança?

Lideranças são medidas pelo **carisma** e pela capacidade que têm de envolver as pessoas. No coração do líder pulsa um desejo genuíno de ajudar o seu time, de enxergar o ser humano além do crachá, de ter conexões que muitas vezes extrapolam o ambiente de trabalho. Lideranças são aquelas que conseguem contagiar equipes, fazer com que todos trabalhem em prol do mesmo resultado, num espírito de colaboração e alegria. Se você tem essas habilidades, invista. Você é um líder.

Lidere sendo você

Eu nunca vesti uma máscara para me apresentar como líder.

Sempre fui autêntica, a menina que fala com jeito de interior, que gosta de coisas simples e que não se apega a protocolos. Sou **transparent**e. Não escondo minhas fragilidades para ocupar um cargo de poder. Todo ser humano tem qualidades e defeitos. Eu não sou diferente. Quando percebo que um projeto não está dando certo, chamo todos da minha equipe e, sem medo, exponho minhas incertezas. Peço ajuda. A **verdade** conecta mais do que qualquer estratégia de engajamento e o resultado disso é um time disposto a remar no mesmo sentido.

Eu já liderei uma equipe de mais de 14 mil pessoas, com resultados invejáveis, metas batidas e pessoas felizes. E vou dividir com você cinco regras que aprendi ao longo dessa jornada.

1. O seu time precisa acreditar em você, nos seus objetivos e nos objetivos da empresa e o melhor jeito de conseguir isso é sendo honesto, expondo com transparência as fragilidades e as potencialidades dos projetos.

2. Lidere pelo exemplo. Discurso descolado da prática não gera conexão. Você precisa mostrar nas ações cotidianas que é engajado, que acredita nos planos e objetivos da empresa. Lembre-se: para cobrar do outro você precisa, primeiro, ser. Seja íntegro, honesto e profissional.

3. Fale para ser entendido. Isso significa usar a linguagem das pessoas que você lidera. Esteja atento à forma como as pessoas do seu time se comunicam entre si e use a mesma comunicação. Descomplique para fluir.

4. A responsabilidade é sua. Assuma os erros da sua equipe. Você é responsável pelo desempenho do seu time. Os bons resultados e os ruins.

5. Seja você. E nunca se esqueça disso. Não renuncie aos seus valores, à sua história, à sua origem. O poder pode mudar as pessoas. Não se perca de você.

Na alegria e na tristeza

Aprenda uma frase: na liderança, nunca será sobre você. **Será sempre sobre nós.** Não alcançamos metas sozinhos, assim como não erramos individualmente. Num time, responsabilidades são compartilhadas... e as alegrias também!

Eu sou aquela líder que divide angústias e celebra conquistas. Acredito na força da emoção que contagia. Quando fechamos um bom contrato, quando batemos meta, quando vencemos um desafio ... tudo é motivo para juntar a turma, comer uma pizza e tomar uma cervejinha.

Esses momentos fora do ambiente de trabalho trazem conexão e fortalecem os laços afetivos.

Seja próximo dos seus funcionários e faça questão de estabelecer uma convivência além do trabalho. Tenha trocas de vida, se interesse pelo que se passa na família deles. Quem é aquele funcionário fora do escritório? Tem filhos? É casado? Onde nasceu? É do interior? Teve algum momento difícil? Nós passamos mais tempo com colegas de trabalho do que com a nossa família. Não podemos ignorar as relações pessoais.

Ao longo da minha carreira, fui somando afilhados de casamento, de batizado! Grandes amizades surgiram assim, entre um projeto e outro que desenvolvemos juntos. E tenho muito orgulho disso. Não importa o cargo que ocupo, eu sempre vou enxergar valor nas relações humanas, nas histórias que acumulamos nesses momentos, de alegria e de tristeza!

Ah, e vou te dar uma dica de ouro: o que acontece no trabalho, fica no trabalho. Eu tive uma coordenadora que tinha muito potencial de crescimento. Percebi isso rapidamente e não estava errada. Em seis anos, ela já havia se tornado diretora nacional de um grande time. Eu cobrava muito dela, porque sabia que era uma mulher com força de crescimento, mas nem sempre as pessoas recebem as críticas com facilidade, né? E no fim do dia, quando eu a chamava para um chope, ela perguntava: "Você acabou comigo e agora me chama pra sair?" Eu ria e respondia: "O que acontece no trabalho, fica no trabalho". Quanto mais saíamos para esses momentos de relaxamento, mais próximas fomos nos tornando. Viramos grandes parceiras e ela quebrou a resistência ao ouvir minhas recomendações no ambiente de trabalho. Tornou-se uma das melhores diretoras da empresa. Todos saíram ganhando.

Dez passos de uma liderança

1. Confie. Dê poder à sua equipe. Permita inovação. Apoie decisões. Claro que controle é inerente à liderança e é importante. Mas uma equipe se envolve muito mais quando há confiança.

2. Delegue. Acredite e aposte no potencial do seu time. Crie ferramentas eficientes para medir resultados e deixe sua equipe trabalhar. Eu costumo criar metas bem definidas e parâmetros que relacionam a meta individual ao resultado coletivo. Com isso, há uma dependência do resultado do colega. Isso gera colaboração. Em quase três décadas sabe quantas vezes não bati meta? Nenhuma.

3. Não use máscaras. Seja transparente e permita que os funcionários também sejam.

4. Invista em respiros. Crie momentos de integração, de desafios em equipe, de trabalhos cooperados, leve a turma para um chopinho em equipe!

5. Valorize a cultura do apoio. Promova um ambiente saudável, em que a equipe se sinta à vontade para partilhar ideias, desafios e até preocupações.

6. Saiba mediar conflitos. Seja proativo para identificar e resolver conflitos, problemas e desafios, antes que escalem.

7. Crie um ambiente respeitoso e feliz. Valorize e incentive

a diversidade de ideias. Quer um exemplo? Campeonato de ideias com bonificação para o melhor projeto, que esteja vinculado aos objetivos da empresa ou que ajude a melhorar o ambiente de trabalho!

8. Conheça o perfil de cada pessoa do seu time. Identifique as preferências e tente gerar um ambiente que acolha os gostos e as habilidades individuais. Coloque a pessoa certa, no lugar certo. Muitas vezes na minha carreira tive que demitir, transferir funcionários... e fiz isso com a convicção de que pessoas em lugares errados são infelizes e gente infeliz dá prejuízo.

9. Fique atento à diversidade de valores geracionais. Vivemos um momento em que há uma mão de obra no mercado com valores muito diferentes das gerações anteriores. Como envolver essa nova geração? com empatia. Procure colocar-se entre eles e identificar o que consideram importante. Envolva-se e crie a empatia necessária para caminharem juntos.

10. Seja um líder envolvente e carismático, sem deixar de ser firme quando for necessário.

Plano de Carreira e metas alcançáveis

Sim, relações humanas importam muito, mas ter um funcionário comprometido exige mais. Reconhecimento financeiro, plano de carreira, bonificações... tudo isso deve estar ao alcance de quem deseja crescer. As pessoas gostam de ter clareza do caminho que precisam trilhar para melhorar na carreira.

Eu já vivenciei ambientes corporativos com cultura de competição extrema, predatória! Eu não acredito que isso gere resultado. Ao contrário. As pessoas devem ser incentivadas a ser melhores num ambiente de colaboração. Então:

1. Crie metas bem definidas e possíveis de serem alcançadas.
2. Desenhe um bom plano de carreira, com salários e projeções bem definidos.
3. Crie políticas de incentivo.
4. Tenha programas de capacitação.
5. Conheça a cultura da sua empresa e tenha programas de fortalecimento dos valores corporativos.

Certa vez, na empresa onde trabalhava, eu fui direcionada para fazer uma auditoria em outro setor que não estava batendo as metas. E, ao analisar o histórico dos contratos e a forma de bonificação, o problema ficou evidente. A meta estava estabelecida em um único critério: fechamento de negócios. Entretanto, não havia distinção de novos clientes, renovações de contratos ou crescimento de contrato. Ora, em vendas, todos sabem que conquistar novos clientes é mais complexo do que crescer ou renovar a sua base. No setor, havia uma vendedora que atendia uma grande rede de *fast food* e batia a meta com bônus máximo todos os anos. Com um detalhe: ela não vendeu o primeiro contrato. Ela havia "herdado" a conta do cliente. Resultado: cada loja a mais na rede entrava como "crescimento" e se somava à meta dela. Em outras palavras, essa vendedora ganhava bônus altíssimos sem fazer uma venda sequer. Era um banho de água fria para as outras pessoas da equipe, que se esforçavam para conseguir novos clientes. Lição: uma boa liderança precisa acompanhar as métricas de perto e ser capaz de alterar a rota quando perceber injustiças.

Felicidade dá lucro

Eu passei a maior parte da minha vida profissional no mundo corporativo e vivenciei diferentes culturas organizacionais.

Por muito tempo, pude exercer a liderança que eu acredito,

aplicando meus valores e crenças. Mas também testemunhei modelos em que eu não me encaixava.

Isso fez pulsar mais forte meu desejo de empreender. Em 2022, eu não estava mais feliz onde trabalhava. Decidi assumir o comando e a sociedade da Blank It, empresa em que meu marido foi um dos fundadores.

E levei mais do que minha experiência de 25 anos no mercado de TI. A Blank It é uma empresa com DNA inovador, que oferece soluções de *software*, nuvem, experiência de cliente, inteligência artificial, *low code*, internet das coisas, entre outras tecnologias de ponta do mercado! Tem uma cultura única para resolução das dores do mercado. Eu mergulhei nesse projeto com todo meu coração, minha história e meus valores.

Montei uma equipe com excelência técnica e afinada às minhas crenças organizacionais. Muitas dessas pessoas, inclusive, me acompanham há anos de outras empresas.

Em dois anos, o número de funcionários e o faturamento da empresa aumentaram mais de 400%. Esse crescimento exponencial é resultado de uma cultura organizacional forte, que compreende as dores do mercado, sem deixar de olhar para quem ajuda a construir essa história.

Nossos funcionários somam seus propósitos aos nossos, porque acreditam no modelo de liderança e sabem que trabalham por metas plausíveis. São recompensados de forma justa e compartilham do nosso crescimento.

É sempre sobre nós, lembra?

Não existe fórmula mágica. Mas acredito em duas fórmulas simples:

—Expertise técnica + liderança humanizada = time feliz

—Time feliz = lucro!

Sim, **felicidade dá lucro**.

O PODER DE UMA MENTORIA

uma aula na prática

ANDRÉIA ROMA

Quem sou eu?

Sou a menina de oito anos que não tinha
dinheiro para comprar livros.

Existe um grande processo de ensinamento
em nossas vidas.
Alguém que não tinha condições financeiras
de comprar livros,
para alguém que publica livros e realiza
sonhos.

Sou a mulher que encontrou seu poder e
entendeu que podia auxiliar mais pessoas a
se descobrirem.

E você, quem é?
Qual o seu poder?

Entendi que com meu superpoder
posso transformar meu tempo.

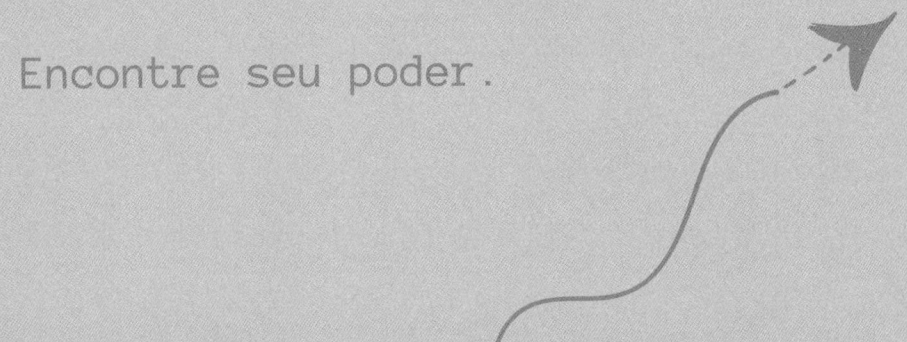

Encontre seu poder.

"Este é um convite para você deixar sua marca. Um livro muda tudo!"

Andréia Roma

Direitos autorais:
respeito e ética em relação a ideias criadas

CERTIFICADO DE REGISTRO DE DIREITO AUTORAL

A Câmara Brasileira do Livro certifica que a obra intelectual descrita abaixo, encontra-se registrada nos termos e normas legais da Lei nº 9.610/1998 dos Direitos Autorais do Brasil. Conforme determinação legal, a obra aqui registrada não pode ser plagiada, utilizada, reproduzida ou divulgada sem a autorização de seu(s) autor(es).

Responsável pela Solicitação:
Editora Leader

Participante(s):
Andréia Roma (Coordenador)

Título:
Mulheres na tecnologia: cases na prática: edição poder de uma mentoria

Data do Registro:
29/10/2024 10:30:49

Hash da transação:
0x4b2e695b1fea3f7c7bad72bd8ecf32dafc797b59c90ea25521fa83b6d2d34bd5

Hash do documento:
7b8129ebef299da9609930a83643f2b6856f98e6d2fdc74a47aed36165d0a1c0

Compartilhe nas redes sociais

clique para acessar a versão online

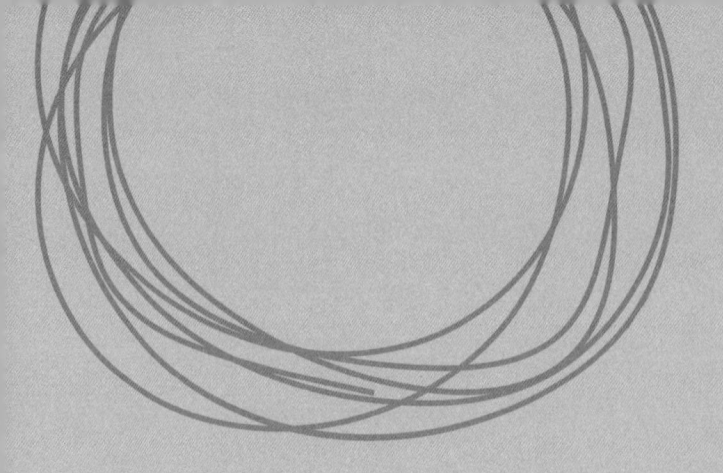

Os livros coletivos nesta
linha de histórias e
mentorias são um conceito
criado pela Editora Leader,
com propriedade intelectual
registrada e publicada,
desta forma, é proibida
a reprodução e cópia
para criação de outros
livros, a qualquer título,
lembrando que o nome do
livro é simplesmente um dos
requisitos que representam
o projeto como um todo,
sendo este garantido como
propriedade intelectual nos
moldes da LEI Nº 9.279, DE
14 DE MAIO DE 1996.

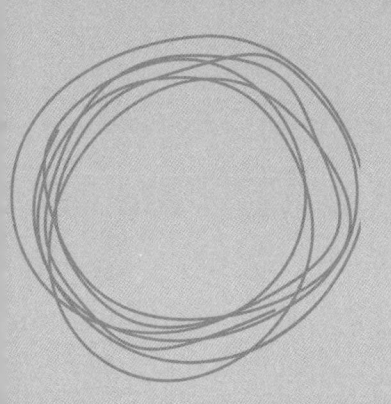

Exclusividade:

A Editora Leader tem como viés a exclusividade de livros publicados com volumes em todas as temáticas apresentadas, trabalhamos a área dentro de cada setor e segmento com roteiros personalizados para cada especificidade apresentada.

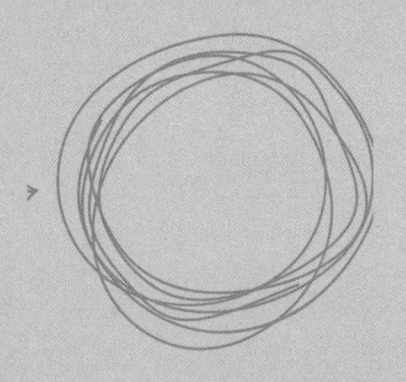

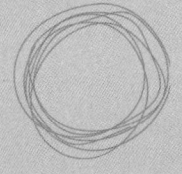

"Livros não mudam o mundo, quem muda o mundo são as pessoas. Os livros só mudam as pessoas."

Mário Quintana

"Somos o resultado dos livros que lemos, das viagens que fazemos e das pessoas que amamos".

Airton Ortiz

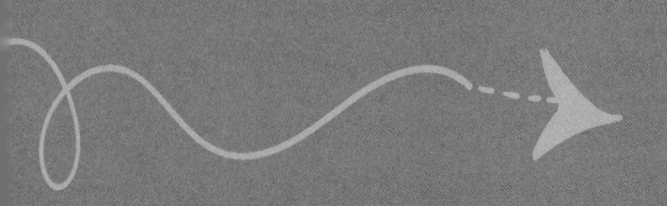

Olá, sou **Andréia Roma**, CEO da Editora Leader e Influenciadora Editorial.

Vamos transformar seus talentos e habilidades em uma aula prática.

Benefícios do apoio ao Selo Série Mulheres

Ao apoiar livros que fazem parte do Selo Editorial Série Mulheres, uma empresa pode obter vários benefícios, incluindo:

- **Fortalecimento da imagem de marca:** ao associar sua marca a iniciativas que promovem a equidade de gênero e a inclusão, a empresa demonstra seu compromisso com valores sociais e a responsabilidade corporativa. Isso pode melhorar a percepção do público em relação à empresa e fortalecer sua imagem de marca.

- **Diferenciação competitiva:** ao apoiar um projeto editorial exclusivo como o Selo Editorial Série Mulheres, a empresa se destaca de seus concorrentes, demonstrando seu compromisso em amplificar vozes femininas e promover a diversidade. Isso pode ajudar a empresa a se posicionar como líder e referência em sua indústria.

- **Acesso a um público engajado:** o Selo Editorial Série Mulheres já possui uma base de leitores e seguidores engajados que valoriza histórias e casos de mulheres. Ao patrocinar esses livros, a empresa tem a oportunidade de se conectar com esse público e aumentar seu alcance, ganhando visibilidade entre os apoiadores do projeto.

– **Impacto social positivo:** o patrocínio de livros que promovem a equidade de gênero e contam histórias inspiradoras de mulheres permite que a empresa faça parte de um movimento de mudança social positivo. Isso pode gerar um senso de propósito e orgulho entre os colaboradores e criar um impacto tangível na sociedade.

– *Networking* **e parcerias:** o envolvimento com o Selo Editorial Série Mulheres pode abrir portas para colaborações e parcerias com outras organizações e líderes que também apoiam a equidade de gênero. Isso pode criar oportunidades de *networking* valiosas e potencializar os esforços da empresa em direção à sustentabilidade e responsabilidade social.

É importante ressaltar que os benefícios podem variar de acordo com a estratégia e o público-alvo da empresa. Cada organização deve avaliar como o patrocínio desses livros se alinha aos seus valores, objetivos e necessidades específicas.

FAÇA PARTE DESTA HISTÓRIA
INSCREVA-SE

INICIAMOS UMA AÇÃO CHAMADA

MINHA EMPRESA ESTÁ COMPROMETIDA COM A CAUSA!

Nesta iniciativa escolhemos de cinco a dez empresas para apoiar esta causa.

SABIA QUE SUA EMPRESA PODE SER PATROCINADORA DA SÉRIE MULHERES, UMA COLEÇÃO INÉDITA DE LIVROS DIRECIONADOS A VÁRIAS ÁREAS E PROFISSÕES?

Uma organização que investe na diversidade, equidade e inclusão olha para o futuro e pratica no agora.

Para mais informações de como ser um patrocinador de um dos livros da Série Mulheres escreva para: contato@editoraleader.com.br

ou

Acesse o link e preencha sua ficha de inscrição

Nota da Coordenação Jurídica do Selo Editorial Série Mulheres® da Editora Leader

A Coordenação Jurídica da Série Mulheres®, dentro do Selo Editorial da Editora Leader, considera fundamental destacar um ponto crucial relacionado à originalidade e ao respeito pelas criações intelectuais deste selo editorial. Qualquer livro com um tema semelhante à Série Mulheres®, que apresente notável semelhança com nosso projeto, pode ser caracterizado como plágio, de acordo com as leis de direitos autorais vigentes.

A Editora Leader, por meio do Selo Editorial Série Mulheres®, se orgulha do pioneirismo e do árduo trabalho investido em cada uma de suas obras. Nossas escritoras convidadas dedicam tempo e esforço significativos para dar vida a histórias, lições, aprendizados, cases e metodologias únicas que ressoam e alcançam diversos públicos.

Portanto, solicitamos respeitosamente a todas as mulheres convidadas para participar de projetos diferentes da Série Mulheres® que examinem cuidadosamente a originalidade de suas criações antes de aceitar escrever para projetos semelhantes.

É de extrema importância preservar a integridade das obras e apoiar os valores de respeito e valorização que a Editora Leader tem defendido no mercado por meio de seu pioneirismo. Para manter nosso propósito, contamos com a total colaboração de todas as nossas coautoras convidadas.

Além disso, é relevante destacar que a palavra "Mulheres" fora do contexto de livros é de domínio público. No entanto, o que estamos enfatizando aqui é a responsabilidade de registrar o tema "Mulheres" com uma área específica, dessa forma, o nome "Mulheres" deixa de ser público.

Evitar o plágio e a cópia de projetos já existentes não apenas protege os direitos autorais, mas também promove a inovação e a diversidade no mundo das histórias e da literatura, em um selo editorial que dá voz à mulher, registrando suas histórias na literatura.

Agradecemos a compreensão de todas e todos, no compromisso de manter a ética e a integridade em nossa indústria criativa. Fiquem atentas.

Atenciosamente,

Adriana Nascimento e toda a Equipe da Editora Leader
Coordenação Jurídica do Selo Editorial Série Mulheres

ANDRÉIA ROMA
CEO DA EDITORA LEADER

REGISTRE seu legado

A Editora Leader é a única editora comportamental do meio editorial e nasceu com o propósito de inovar nesse ramo de atividade. Durante anos pesquisamos o mercado e diversos segmentos e nos decidimos pela área comportamental através desses estudos. Acreditamos que com nossa experiência podemos fazer da leitura algo relevante com uma linguagem simples e prática, de forma que nossos leitores possam ter um salto de desenvolvimento por meio dos ensinamentos práticos e teóricos que uma obra pode oferecer.

Atuando com muito sucesso no mercado editorial, estamos nos consolidando cada vez mais graças ao foco em ser a editora que mais favorece a publicação de novos escritores, sendo reconhecida também como referência na elaboração de projetos Educacionais e Corporativos. A Leader foi agraciada mais de três vezes em menos de três anos pelo RankBrasil – Recordes Brasileiros, com prêmios literários. Já realizamos o sonho de numerosos escritores de todo o Brasil, dando todo o suporte para publicação de suas obras. Mas não nos limitamos às fronteiras brasileiras e por isso também contamos com autores em Portugal, Canadá, Estados Unidos e divulgações de livros em mais de 60 países.

Publicamos todos os gêneros literários. O nosso compromisso é apoiar todos os novos escritores, sem distinção, a realizar o sonho de publicar seu livro, dando-lhes o apoio necessário para se destacarem não somente como grandes escritores, mas para que seus livros se tornem um dia verdadeiros *best-sellers*.

A Editora Leader abre as portas para autores que queiram divulgar a sua marca e conteúdo por meio de livros...

EMPODERE-SE
Escolha a categoria que deseja

■ Autor de sua obra

Para quem deseja publicar a sua obra, buscando uma colocação no mercado editorial, desde que tenha expertise sobre o assunto abordado e que seja aprovado pela equipe editorial da Editora Leader.

■ Autor Acadêmico

Ótima opção para quem deseja publicar seu trabalho acadêmico. A Editora Leader faz toda a estruturação do texto, adequando o material ao livro, visando sempre seu público e objetivos.

■ Coautor Convidado

Você pode ser um coautor em uma de nossas obras, nos mais variados segmentos do mercado profissional, e ter o reconhecimento na sua área de atuação, fazendo parte de uma equipe de profissionais que escrevem sobre suas experiências e eternizam suas histórias. A Leader convida-o a compartilhar seu conhecimento com um público-alvo direcionado, além de lançá-lo como coautor em uma obra de circulação nacional.

■ Transforme sua apostila em livro

Se você tem uma apostila que utiliza para cursos, palestras ou aulas, tem em suas mãos praticamente o original de um livro. A equipe da Editora Leader faz toda a preparação de texto, adequando o que já é um sucesso para o mercado editorial, com uma linguagem prática e acessível. Seu público será multiplicado.

■ Biografia Empresarial

Sua empresa faz história e a Editora Leader publica.

A Biografia Empresarial é um diferencial importante para fortalecer o relacionamento com o mercado. Oferecer ao cliente/leitor a história da empresa é uma maneira ímpar de evidenciar os valores da companhia e divulgar a marca.

■ Grupo de Coautores

Já pensou em reunir um grupo de coautores dentro do seu segmento e convidá-los a dividir suas experiências e deixar seu legado em um livro? A Editora Leader oferece todo o suporte e direciona o trabalho para que o livro seja lançado e alcance o público certo, tornando-se sucesso no mercado editorial. Você pode ser o organizador da obra. Apresente sua ideia.

A Editora Leader transforma seu conteúdo e sua autoridade em livros.

OPORTUNIDADE
Seu legado começa aqui!

A Editora Leader, decidida a mudar o mercado e quebrar crenças no meio editorial, abre suas portas para os novos autores brasileiros, em concordância com sua missão, que é a descoberta de talentos no mercado.

NOSSA MISSÃO

Comprometimento com o resultado, excelência na prestação de serviços, ética, respeito e a busca constante da melhoria das relações humanas com o mundo corporativo e educacional. Oferecemos aos nossos autores a garantia de serviços com qualidade, compromisso e confiabilidade.

Publique com a Leader

- **PLANEJAMENTO** e estruturação de cada projeto, criando uma **ESTRATÉGIA** de **MARKETING** para cada segmento;

- **MENTORIA EDITORIAL** para todos os autores, com dicas e estratégias para construir seu livro do Zero. Pesquisamos o propósito e a resposta que o autor quer levar ao leitor final, estruturando essa comunicação na escrita e orientando sobre os melhores caminhos para isso. Somente na **LEADER** a **MENTORIA EDITORIAL** é realizada diretamente com a editora chefe, pois o foco é ser acessível e dirimir todas as dúvidas do autor com quem faz na prática!

- **SUPORTE PARA O AUTOR** em sessões de videoconferência com **METODOLOGIA DIFERENCIADA** da **EDITORA LEADER**;

- **DISTRIBUIÇÃO** em todo o Brasil — parceria com as melhores livrarias;

- **PROFISSIONAIS QUALIFICADOS** e comprometidos com o autor;

- **SEGMENTOS:** Coaching | Constelação | Liderança | Gestão de Pessoas | Empreendedorismo | Direito | Psicologia Positiva | Marketing | Biografia | Psicologia | entre outros.

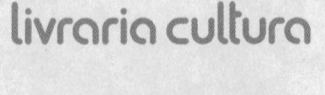

LIVRARIA MARTINS FONTES | leitura | amazon

AMERICANAS | livraria cultura | EDITORA LEADER

Livrarias Curitiba | magalu

www.editoraleader.com.br

Entre em contato e vamos conversar

Nossos canais:

Site: www.editoraleader.com.br

E-mail: contato@editoraleader.com.br

📷 @editoraleader

O seu projeto pode ser o próximo.

Anotações

Anotações

EDITORA LEADER